냉털 재료로 맛있게 만드는
정이네 밑반찬 101

냉털 재료로 맛있게 만드는

정이네 밑반찬 101

—

2024년 9월 30일 1판 1쇄 발행
2024년 11월 10일 1판 2쇄 발행

—

지은이 류정희(정이하우스)
펴낸이 이상훈
펴낸곳 책밥
주소 03986 서울시 마포구 동교로23길 116 3층
전화 번호 02-582-6707
팩스 번호 02-335-6702
홈페이지 www.bookisbab.co.kr
등록 2007.1.31. 제313-2007-126호

—

기획 박미정
디자인 디자인허브(@monthly_designhub)
사진 조정은(@jeongeun_jo)

—

ISBN 979-11-93049-54-9 (13590)
정가 22,000원

© 류정희, 2024

책밥은 (주)오렌지페이퍼의 출판 브랜드입니다.

정이네 밑반찬 101

정이하우스 지음

책밥

요리를 본격적으로 시작하게 된 건 독립한 이후였어요. 매번 사 먹기에 부담이 컸고, 더 솔직히 말하면 한식 입맛인 제게 집밥이 절실했지요. 어릴 때부터 손맛 좋은 할머니, 어머니의 음식을 먹고 자라 제가 내고 싶은 음식 맛을 알고 있다는 것이 많은 도움이 되었네요. 누구나 그렇듯 처음에는 서툴렀지만 조금씩 결과가 나왔고, 무엇보다 뭐든 잘 먹는 남편을 위해 이것저것 해주기 위해 솜씨가 늘기 시작했어요. 좋아하는 음식을 꾸준히 만들다 보니 어느새 내 레시피도 생기고…. 그렇게 만든 밑반찬을 찍어 한 컷 두 컷 SNS에 올리게 되었습니다.

가랑비에 옷 젖듯이 쌓인 결과로 제 계정을 보고 호감을 갖는 사람이 늘어났어요. 비슷한 시기에 좋은 기회가 찾아와 한식 반찬 쿠킹클래스 수업을 하며 지금까지 꾸준히 수강생들과 함께할 수 있었네요.

많은 사람에게 제 레시피를 소개하는 것이 기쁘기도 했지만 동시에 고민도 깊어
졌어요. 어떻게 해야 집에서도 본연의 맛을 낼 수 있을까 고민이 많았지요. 그리고
저와 같이 하다보면 요리 솜씨가 늘어날 수 있다는 것도 알려드리고 싶었어요. 이
책에서는 몇 번의 시행착오 끝에 갖게 된 저만의 팁을 레시피와 함께 소개해, 무심
코 놓치기 쉬운 부분도 최대한 이해하기 쉽도록 설명했습니다.

또한, 주변에서 쉽게 구할 수 있는 식재료나 냉장고에 항상 있을 법한 재료를 골
라 재료 낭비없이 다양하게 반찬 만드는 방법을 소개했어요. 차례를 재료별로 구
성했으니 버려지는 식재료때문에 고민이 많은 분들에게 조금이라도 도움이 될 수
있을 거예요. 나와 가족에게 즐거운 식탁을 선물할 101가지 밑반찬들이 여러분의
식탁에도 소소한 즐거움이 되길 바라봅니다.

오늘도 쉽고 간편하게 맛있는 집밥 드세요~!

요리하기 좋은 날, 정이하우스 드림

CONTENTS

PART ❶ 냉털재료로 만드는 매일 반찬

PART ❷ 육류, 해산물로 만드는 매일 반찬

PART ❸ 달걀, 두부로 만드는 매일 반찬

PART ❹ 배추, 파, 부추로 만드는 매일 반찬

가장 쉬운 **정이네 양념 1**

우리 집에서 사용하는 양념이 특별한 것은 아니다. 주로 사용하는 양념들은 고춧가루, 볶은 참깨(깨), 들깻가루, 부침가루, 다시팩, 전분 가루, 소금, 설탕 등이다. 시중에서 쉽게 구할 수 있는 재료와 양념으로 간편하게 만든다.

① **고춧가루** 깍두기나 무생채 등을 무칠 때 요리 초반에 고춧가루를 넣어 색을 먼저 낸다. 밑반찬이 좀 더 붉게 만들어지면 먹음직스러워 보이니 분량에 따라 양을 조절한다.

② **볶은 참깨(깨)** 거의 요리 마지막에 고명으로 올린다. 깨를 손으로 으깨 올리면 고소한 향도 즐길 수 있고 접시에 반찬을 덜고 마지막에 깨를 올리면 더 먹음직스러워 보인다.

③ **들깻가루** 시중에 판매하는 들깻가루를 사용한다. 이 책에서는 배추나물된장무침의 양념으로 사용했다.

④ **부침가루** 주로 전을 부칠 때 사용하는데, 부침가루가 없다면 건강에 좋은 메밀가루나 도토리 가루를 대용으로 사용해도 맛있다.

⑤ **다시팩** 보통 집에서 다포리나 다시마 등으로 육수를 내는 편이지만, 이 책에서는 쉽게 구할 수 있는 멸치육수팩을 이용했다. 가능하면 구하기 쉬운 재료 위주로 사용했으니 편하게 주변에서 구하면 된다. 시판 육수팩의 우리는 시간은 해당 제품의 사용방법을 따른다.

⑥ **전분 가루** 버섯탕수에서 튀김가루 대신 사용하면 바삭한 맛을 즐길 수 있다.

⑦ **소금(가는소금, 굵은소금)** 가는소금은 양념이나 요리 마지막 단계에서 간을 추가할 때 사용한다. 가는소금이 없다면 믹서기 등으로 굵은소금을 갈아 넣어도 된다. 이 외에도 굵은소금은 주로 김치를 절일 때 넣는다.

⑧ **설탕** 이 책에서는 동량의 설탕보다 단맛이 적게 느껴지는 자일로스 설탕을 주로 사용했다. 주변에서 쉽게 구할 수 있는 설탕을 이용해도 좋다.

①
샘표
양조간장
501
70년 발효명가
햇살담은
국간장
②
굴소스
100% 굴함유
③
하선정
멸치
④
소다미
매실원액
1000mL
⑤
純
순후추
⑥
100% 통참깨
고소한
참기름
⑦
참바론
들기름
Perilla Oil
통들깨 100%
⑧
PREMIUM
해표
카놀라유
24
카놀라유 100%
⑨
오뚜기
옛날 물엿
1.2kg
⑩
백설
요리
올리고당
⑪
오뚜기
사과식초
오뚜기
양조식초
1.8L

가장 쉬운 **정이네 양념 2**

액체 양념도 가루 양념처럼 시중에서 쉽게 구할 수 있는 재료를 사용한다. 간장, 액젓, 매실, 참기름, 식초 등은 자주 사용하는 양념이다.

① 간장(양조간장, 국간장) 주로 양념이나 소스를 만들 때 양조간장을 이용하며, 육수나 나물을 무칠 때는 국간장을 사용한다.

② 굴소스 굴소스는 감칠맛을 낼 때 사용하며, 이 책에서는 버섯탕수, 가지볶음, 두부조림 등에 사용했다.

③ 액젓 까나리액젓이나 멸치액젓 등 주변에 쉽게 구할 수 있는 액젓을 사용하면 된다.

④ 매실액 신맛과 단맛을 낸다. 물엿, 올리고당과 함께 단맛을 낼 때 주로 사용하는데, 매실 특유의 신맛이 있어 신맛을 내고 싶지 않다면 양을 조절해야 한다. 무엇이 더 좋다기 보다 각각 장단점이 있으니 조금씩 섞어서 사용해도 좋다.

⑤ 후추 순후추는 통후추에 비해 매운 맛이 덜하고 특유의 풍미가 있어 볶음요리에 자주 사용한다. 통후추는 향이 강해 장조림이나 오이피클을 만들 때 사용한다.

⑥ 참기름 조리 마지막에 자주 사용한다. 반찬에 고소한 향을 더하고 윤기를 돌게 해 거의 빠지지 않는다.

⑦ 들기름 참기름과 또 다른 맛과 향을 내는 들기름은 버섯이나 오이, 호박 등 나물 반찬에 빠지지 않는 양념이다. 자극적이지 않으며 감칠맛을 즐길 수 있다.

⑧ 식용유 볶음이나 튀김에 꼭 필요하다. 계란말이나 볶음을 할 때는 소량만 사용하는 편이다. 노릇하게 전을 부치거나 튀김을 할 때는 많이 사용한다.

⑨ 물엿 반찬에 윤기를 주고 달콤한 맛을 낸다.

⑩ 올리고당 설탕보다 단맛이 적고 반찬에 윤기 내기가 좋다.

⑪ 식초(양조식초, 사과식초) 사과식초는 향이 있어 장아찌를 담글 때는 주로 양조식초를 이용한다. 사과식초는 상큼하게 무쳐야 하는 밑반찬에 주로 넣는다.

가장 쉬운 **정이네 양념 계량**

한 줌 한 손으로 재료를 잡았을 때 손안 가득 잡히는 양으로 계량한다.

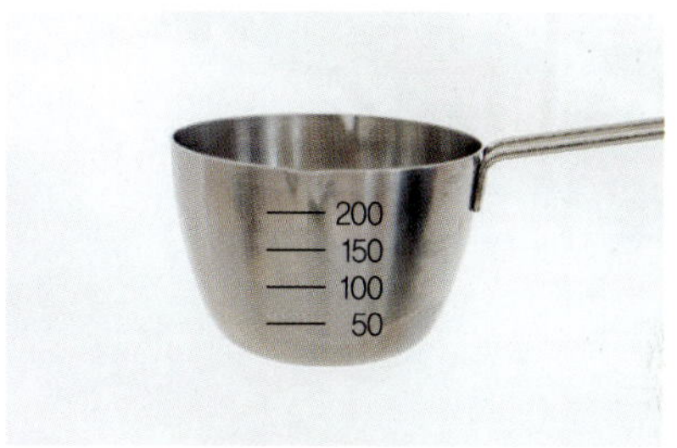

한 컵 계량컵으로 계량한다. 이 책에서는 200㎖는 한 컵, 100㎖는 반 컵으로 계량한다.

장류 한 스푼 질감이 꾸덕한 장류는 봉긋하게 올라올 정도로 뜬다. 수저에 빈 곳이 없도록 계량한다.

가루류 한 스푼 누르지 않고 가볍게 담아 수저에 빈 곳이 없도록 퍼 준다.

액체류 한 스푼 수저 가장자리가 넘치지 않고 빈 공간이 없도록 담는다.

PART ❶

냉털재료로 만드는
매일 반찬

시금치무침 ✦

재료	시금치 300g, 소금 1/2스푼, 깨 1스푼, 참기름 1스푼
양념	국간장 1스푼, 소금 1~2꼬집, 다진 마늘 1/2스푼, 다진 파 2스푼

조리 순서

1   냄비에 시금치가 잠길 만큼 물을 붓고 소금을 넣는다. 물이 끓으면 시금치를 넣고 젓가락으로 위아래를 섞어주며 30초 정도 빠르게 데친다.

2   1을 찬물에 헹궈 물기를 짠다.

3   볼에 2와 양념 재료를 넣고 무친다.

4   마지막으로 깨, 참기름을 넣고 섞어 마무리한다.

고추장시금치무침

재료   시금치 300g, 소금 1/2스푼, 다진 파 2스푼, 깨 1스푼, 참기름 1스푼

양념   고추장 1스푼, 고춧가루 1½스푼, 액젓 1스푼, 매실액 1스푼, 다진 마늘 1/2스푼

| 조리 순서 | 1 | 양념 재료는 섞고 손질한 시금치를 준비한다. |

조리 순서

1 양념 재료는 섞고 손질한 시금치를 준비한다.

Q 새콤한 맛을 좋아하면 양념에 식초를 1~2스푼 더 추가한다.

2 냄비에 시금치가 잠길 만큼 물을 붓고 소금을 넣는다. 물이 끓기 시작하면 시금치를 넣고 젓가락으로 위아래를 섞어주며 빠르게 데친다.

3 2는 바로 찬물에 헹궈 꾹 짜 잘 풀어준다. 섞어둔 양념을 조금씩 넣어 입맛에 맞게 무친다.

4 다진 파, 깨, 참기름을 넣고 섞어 마무리한다.

버섯탕수 ✦

재료	표고버섯 10개, 소금 3꼬집, 감자전분 2스푼, 물 2~3스푼, 식용유 적당량
탕수 소스	물 1/2컵, 양조간장 1스푼, 굴소스 1스푼, 후추 적당량, 다진 마늘 1/2스푼, 올리고당 2스푼, 자일로스 설탕 1스푼, 사과식초 2~3스푼, 감자전분 1/2스푼

조리 순서	1	표고버섯은 두툼하게 썰어 준비한다.
	2	표고버섯은 소금과 감자전분을 충분히 섞어 스며들도록 그대로 둔다.
	3	감자전분 반죽은 가루를 먼저 입혀두고 튀기기 직전 물을 넣어 같이 섞는다.
	Q	밀가루가 들어간 음식을 못 먹을 때 찹쌀가루 반죽으로 만들어도 좋다. 찹쌀가루와 물은 1:1 비율로 섞는다.

4   약불에 탕수 소스 재료를 분량대로 섞고 다진 마늘이 익을 정도로 끓인다.

Q   넣고 싶은 채소가 있다면 소스가 끓어오르면 넣는다.

5   냄비에 식용유를 붓고 기름이 달궈지면 버섯에 튀김옷을 입혀 튀겨준다.

Q   바삭한 튀김을 원할 땐 두 번 튀겨준다.

6   튀긴 버섯은 취향껏 소스에 곁들여 마무리한다.

느타리버섯볶음 ✦

재료　　느타리버섯 300~350g, 식용유 1/2스푼, 들기름 1/2스푼, 다진 마늘 1스푼, 소금 1/3스푼, 다진 파 2스푼,

깨 1스푼, 참기름 1스푼

조리 순서

1 느타리버섯은 두꺼운 부분만 반으로 찢어주고 비슷한 굵기로 준비한다.

2 팬에 식용유, 들기름을 두르고 다진 마늘을 넣어 약불에 볶는다. 향이 올라오면 1과 소금을 넣어 볶아준다. 약불에 볶다가 바닥에 국물이 생기면 불세기를 센불로 올린다.

3 국물이 없어질 때까지 볶다가 다진 파를 넣어 한 번 더 볶아주고 불을 끈다. 깨와 참기름을 넣고 섞어 마무리한다.

Q 국물이 흥건히 있는 것과 바짝 볶는 것은 맛에 조금 차이가 있다.

팽이버섯전 ✦

재료	팽이버섯 2봉지, 식용유 적당량, 부침가루 2스푼
반죽물	달걀 3개, 소금 2꼬집, 참기름 2~3방울, 홍고추 반개, 청고추 반개

조리 순서

1 팽이버섯은 끝단만 잘라 준비한다. 팽이버섯을 결대로 자르고 반죽물은 달걀, 소금, 참기름을 넣고 잘 섞어 준비한다. 홍고추와 청고추를 다져 반죽물에 섞어준다.

2 부침가루를 앞뒤로 묻혀주고 반죽물을 입혀 달걀이 속까지 익도록 중불과 중약불 사이에서 천천히 익힌다. 앞뒤로 노릇하게 구워 마무리한다.

미니새송이버섯볶음

재료   미니새송이버섯 200g, 통마늘 10알, 대파 1/3대, 식용유 1스푼, 깨 1/2스푼, 참기름 1/2스푼

양념   물 1스푼, 양조간장 2스푼, 올리고당 1스푼, 후추 적당량

조리 순서

1 통마늘을 준비하고, 미니새송이버섯은 큰 것만 한입 크기로 썰고, 대파도 썰어둔다. 양념은 분량만큼 섞어둔다.

2 팬에 식용유를 두르고 통마늘과 미니새송이버섯을 중불에서 먼저 굽는다.

Q 마늘이 두껍거나 크면 먼저 익히다 미니새송이버섯을 넣는다.

3 2가 노릇하게 익으면 준비한 양념을 붓고 국물이 거의 사라질 때까지 볶다가 대파를 넣고 국물이 완전히 사라질 때까지 볶는다.

4 국물 없이 잘 볶아졌으면 불을 끈다. 깨, 참기름을 넣고 섞어 마무리한다.

호박무침 ✦

재료	애호박 1개, 깨 1스푼, 들기름 1스푼
양념	고춧가루 1/2스푼, 국간장 1/2스푼, 양조간장 1스푼, 액젓 1스푼, 매실액 1스푼, 다진 마늘 1/2스푼, 다진 파 2스푼

조리 순서	
1	호박은 얇게 썰어 준비한다. 양념 재료를 섞는다.
2	중불에 팬을 달궈 키친타월에 들기름을 묻혀 팬을 닦듯이 슬쩍 발라준다. 팬에 호박을 구울 때 너무 물컹하지 않도록 살짝 굽는다.
3	볼에 2와 양념을 넣어 무치고, 깨와 들기름을 넣고 섞어 마무리한다.

새우젓호박볶음 ✦

재료 애호박 1개, 양파 1/2개, 식용유 1/2스푼, 들기름 1스푼, 다진 마늘 1스푼, 새우젓 건더기만 2/3스푼,
육수 1/2컵, 다진 파 2스푼, 깨 1스푼, 참기름 1스푼

조리 순서	1	애호박과 양파를 두툼하게 썬다.

1 애호박과 양파를 두툼하게 썬다.

2 팬을 약불에 올려 식용유, 들기름을 두른 뒤 다진 마늘을 넣어 마늘 향이 올라오도록 볶는다. 마늘 향이 진하게 올라오면 썰어둔 호박을 넣고 살짝 섞어가며 볶다가 새우젓 건더기와 육수를 넣어 약불에 뭉근히 익혀준다.

3 호박이 반 이상 익었을 때 썰어둔 양파와 다진 파를 넣고 한 번 더 뭉근히 익히다 다 익으면 깨와 참기름을 넣고 섞어 마무리한다.

호박채전 ✦

재료	애호박 1개, 소금 1/3스푼, 식용유 적당량
부침 반죽	부침가루 2~3스푼, 물 2스푼, 식용유 1스푼

조리 순서

1 호박은 채를 썰고 소금을 뿌려 섞은 다음 15분간 절인다. 중간에 위아래를 섞는다.

2 호박이 절여지면 면보나 키친타월에 한번 꾹 짠다.

3 2에 부침 반죽 재료를 넣고 잘 섞는다.

4 팬에 식용유를 적당량 두르고 3을 부쳐 마무리한다.

매콤호박볶음 ✦

재료　　애호박 1개, (작은)양파 1/2개, 청양고추 2개, 육수 1/2컵, 새우젓 건더기만 2/3스푼, 고춧가루 1/2스푼,
　　　　　다진 파 2스푼, 깨 1스푼, 들기름 1/2스푼

볶음 재료　식용유 1스푼, 들기름 1스푼, 다진 마늘 1스푼

조리 순서	1	애호박을 세로로 자르고 한입 크기로 썬다. 작은 양파와 청양고추를 썰어 준비한다.

1.   애호박을 세로로 자르고 한입 크기로 썬다. 작은 양파와 청양고추를 썰어 준비한다.

Q.   매운맛을 좋아하지 않으면 일반 풋고추를 넣어도 좋다. 홍고추를 추가하면 색감이 좋다.

2.   팬에 볶음 재료를 넣어 볶다가 마늘 향이 올라오면 호박을 넣고 코팅하듯 살짝 볶는다.

3.   2에 육수와 새우젓 건더기를 넣고 끓어오르면 불을 줄여 5~10분 이상 조려준다.

4.   호박을 푹 익히고 고춧가루를 넣어 섞고 다진 파와 썰어둔 청양고추를 넣어 국물이 자작할 때까지 한 번 더 끓인다.

5.   불을 끄고 깨, 들기름을 넣고 섞어 마무리한다.

호박나물 ✦

재료   애호박 1개, 소금 1/2스푼, 식용유 1/2스푼, 들기름 1스푼, 다진 마늘 1스푼, 액젓 1/2~1스푼

　　　 깨 1스푼, 참기름 1/2스푼

| 조리 순서 | 1 | 애호박을 반달썰기로 두껍지 않게 썰고 소금과 골고루 섞어 15분간 절인다. 중간에 위아래를 1~2번 뒤집어 섞는다. |

조리 순서

1   애호박을 반달썰기로 두껍지 않게 썰고 소금과 골고루 섞어 15분간 절인다. 중간에 위아래를 1~2번 뒤집어 섞는다.

2   1을 체에 밭쳐 물기를 뺀다. 팬에 식용유, 들기름, 다진 마늘을 넣고 약불에 마늘 향이 진하게 나도록 볶는다.

3   향이 충분히 올라오면 준비한 애호박과 액젓을 넣는다. 애호박이 익도록 중불에 볶는다.

Q   호박 크기에 따라 간을 조절한다.

4   애호박이 다 익으면 불을 끄고 깨, 참기름을 넣고 섞어 마무리한다.

부추콩나물무침

재료	콩나물 360g, 부추 30g, 물 2컵, 소금 1/2스푼, 깨 1스푼, 참기름 1스푼
양념	고춧가루 1스푼, 액젓 1스푼, 소금 1/4스푼, 다진 마늘 1/2스푼

조리 순서		
	1	콩나물은 꼬리 부분을 정리해 깨끗이 씻어 준비한다. 부추도 씻어서 한입 크기로 썬다.
	2	냄비에 물을 부어 소금을 넣고 끓여준다. 물이 끓으면 준비한 콩나물을 넣고 중간에 한 번 위아래를 뒤집어 주며 3분간 데쳐낸다.
	Q	콩나물을 삶을 때는 뚜껑을 닫지 말고 삶는 시간을 확인한다.
	3	2를 찬바람에 빠르게 식혀준다.
	Q	열기를 식히며 찬물에 헹궈 낼 경우에 물기를 충분히 빼 준다.
	4	3에 썰어둔 부추와 양념 재료를 넣어 무치고 깨, 참기름을 넣고 섞어 마무리한다.

하얀콩나물무침 ✦

재료	콩나물 350g, 물 4컵, 소금 1/2스푼, 깨 1스푼, 참기름 1스푼
양념	다진 마늘 1/2스푼, 액젓 1스푼, 소금 3~4꼬집, 다진 파 2스푼

조리 순서	1 콩나물은 깨끗이 씻어서 준비한다.

조리 순서

1   콩나물은 깨끗이 씻어서 준비한다.

2   냄비에 콩나물이 반쯤 잠길 정도로 물을 붓고 소금을 넣어 끓인다.

3   물이 끓어오르면 1을 넣고 뚜껑을 열어둔 채 3분간 끓인다. 이때 중간에 꼭 한번 뒤집어준다.

4   3을 채망에 건져내 넓게 펼쳐 빠르게 식힌다.

Q   콩나물의 잔열은 선풍기를 이용해 빠르게 식히면 아삭한 식감을 즐길 수 있다.

5   4에 양념 재료를 넣고 살살 무친다.

6   깨, 참기름을 넣고 섞어 마무리한다.

콩나물볶음 ✦

재료	콩나물 350g, 소주 3스푼, 소금 2꼬집, 식용유 2스푼, 다진 마늘 1스푼, 다진 파 3스푼, 깨 1스푼, 참기름 1스푼
양념	고춧가루 1스푼, 양조간장 2스푼, 액젓 1스푼

조리 순서

1   콩나물은 깨끗이 헹궈 냄비에 넣는다. 소주와 소금을 넣고 섞어 뚜껑을 덮은 다음 약
     불에 3분간 익힌다.

2   1을 체에 밭쳐 식힌다.

3   새 팬에 식용유를 두르고 다진 마늘, 다진 파를 넣고 볶다가 향이 올라오면 2와 양념
     재료를 넣고 빠르게 볶는다.

4   불을 끄고 깨와 참기름을 넣고 섞어 마무리한다.

매운무조림

재료   무 600~650g, 육수 2~2½컵, 대파 한대, 깨 1스푼, 참기름 1스푼

양념   고춧가루 2스푼, 양조간장 4스푼, 액젓 2스푼, 매실액 1스푼, 올리고당 1/2스푼, 다진 마늘 1스푼

<table>
<tr><td>조리 순서</td><td>1</td><td>고춧가루가 불도록 분량의 양념 재료를 먼저 섞어둔다.</td></tr>
<tr><td></td><td>2</td><td>무 한 토막을 두툼하게 8조각 정도로 썰어 준비한다. 냄비에 무를 깔고 1을 얹어 무가 살짝 잠기도록 육수를 부어 센불에 끓인다. 끓기 시작하면 중약불로 줄이고 40~50분 정도 부드러워질 때까지 끓인다.</td></tr>
<tr><td></td><td>3</td><td>중간에 무를 위아래 한번 뒤집어 주고 무가 푹 익을 만큼 조린다.</td></tr>
<tr><td></td><td>4</td><td>3에 썰어둔 대파를 넣어 파가 익을 만큼 끓인다. 불을 끈 뒤 깨, 참기름을 넣고 섞어 마무리한다.</td></tr>
</table>

깍두기 ✦

재료   무 2개, 쪽파 한 줌, 굵은소금 1/2컵, 자일로스 설탕 1/4컵, 고춧가루 7스푼, 깨 3스푼
양념   양파 1/2개, 사과 1/2개, 생강 1톨, 다진 마늘 2스푼, 새우젓 건더기만 2스푼, 액젓 4~5스푼, 매실액 4스푼, 찬밥 1~2스푼

조리 순서

1 무는 깍둑썰고 쪽파도 한입 크기로 썬다. 썬 무에 굵은소금, 설탕을 뿌려 소금과 설탕이 잘 녹도록 섞어 40~50분간 절인다. 중간에 2~3번 정도 위아래를 섞는다.

2 양념 재료를 믹서기에 곱게 갈아 준비한다.

Q 밥은 꼭 찬밥을 넣어주고 생강은 마늘 두 알 정도 크기면 된다.

3   절인 무에서 나온 국물은 채반에 밭쳐 버린다. 제일 먼저 무에 고춧가루를 넣고 버무려 10분 정도 물이 들도록 둔다.

Q   무는 헹구지 않고 국물만 버려 사용한다. 무의 고춧가루는 색을 보며 취향껏 추가한다.

4   2의 양념을 3에 부어 고루 잘 섞고 부족한 간은 소금을 더한다. 깨와 썬 쪽파를 넣고 섞어 마무리한다.

Q   깍두기는 마지막에 버무렸을 때 조금 짭짤해야 다음날에 국물이 생겨 간이 맞는다. 다음날이 되면 국물도 많이 생기고 액젓이나 생강 맛은 확 죽어 시원한 맛이 올라오니 취향껏 실온에서 하루 이틀 정도 숙성했다가 김치냉장고에 보관한다.

무나물 ✦

재료　무 600~650g, 소금 1/2스푼, 식용유 1스푼, 들기름 1스푼, 다진 마늘 1스푼, 액젓 1스푼, 육수 2/3컵, 다진 파 3스푼

　　　깨 1스푼, 참기름 1스푼

조리 순서	1	무는 너무 두껍지 않게 채를 썰고 소금을 넣어 20분가량 절여 준비한다.

조리 순서

1 무는 너무 두껍지 않게 채를 썰고 소금을 넣어 20분가량 절여 준비한다.

2 팬에 식용유, 들기름을 두르고 다진 마늘을 넣어 볶는다. 마늘 향이 올라오면 절여둔 무와 액젓을 넣고 볶는다.

3 볶을 때는 중약불 사이에서 약불을 유지하고 육수를 부어가며 충분히 볶는다.

4 간은 소금으로 하고 다진 파를 넣고 파가 익도록 한 번 더 볶는다. 불을 끈 뒤 깨와 참기름을 넣고 섞다가 뚜껑을 덮어 5~10분쯤 뜸을 들여 속까지 충분히 익힌다.

무초절임(쌈무) ✦

재료　　　무 600~650g

절임장　　물 2컵, 양조식초 1컵, 자일로스 설탕 1/2컵, 소금 1스푼

조리 순서		

조리 순서

1   절임장 재료들이 녹을 만큼 끓여 불을 끄고 한 김 식힌다.

2   무는 채를 썰어둔다.

Q   원하는 모양, 두께로 썬다.

3   1을 2에 부어주고 마무리한다.

Q   완전히 차갑게 식은 후 뚜껑을 닫고 실온에 두다가 김치냉장고에 보관한다.

간장무조림

재료	무 600~650g, 물 2컵, 올리고당 1/2스푼
양념	다시마 손바닥 크기로 1조각, 대파 흰 부분 한대, 통마늘 10알, 양조간장 3스푼, 액젓 1½스푼, 자일로스 설탕 1스푼

조리 순서

1 무를 두툼히 썰어 냄비에 깔고 무가 잠길 만큼 물을 붓는다.

2 양념 재료를 넣고 끓인다.

3 2가 끓어오르면 중약불 사이로 줄인다. 10분 뒤 다시마, 대파, 마늘은 빼고 무는 한 번씩 뒤집어 주고 올리고당을 넣어 마저 조린다. 40~50분 정도 부드러워질 때까지 끓인다.

4 국물이 자박하게 조려지면 그릇에 담아 마무리한다.

꼬들무장아찌 ✦

재료	무 1개, 물엿 1kg
절임장	양조간장 1컵, 매실액 1컵, 소주 1/2컵
무침 양념	올리고당 1스푼, 다진 마늘 1스푼, 다진 파 3스푼, 깨 1스푼, 참기름 1스푼

| 조리 순서 | 1 | 무 껍질을 벗기고 세로로 길게 자른 후 3~4cm 두께로 썰어 준비한다. |
| | | |

조리 순서

1 무 껍질을 벗기고 세로로 길게 자른 후 3~4cm 두께로 썰어 준비한다.

2 1을 통에 넣고 물엿을 고루 뿌린다. 묵직한 접시로 눌러준 뒤 밀봉해 서늘한 곳에서 3일간 두고 수분을 **빼준다**. 하루에 한 번 위아래를 바꿔준다.

3 3일 정도 지나면 국물은 버리고 무만 건져 둔다. 무를 통에 넣고 절임장을 부어 밀봉해 김치냉장고에 넣는다. 2~3일에 한 번 위아래를 바꿔주면 더 좋다.

Q 매실액과 양조간장 비율이 1:1이며, 여름 무는 설탕을 2~3스푼 더 추가한다.

4 최소 2~4주 후 작은 무부터 먹는다. 무를 적당한 크기로 썰어 분량의 무침 양념을 넣고 섞어 완성한다.

Q 무를 썰어서 면보에 수분을 꽉 짜내 무쳐도 좋고 고춧가루를 추가해도 좋다.

무생채

재료   무 1/3개(500g), 고춧가루 2스푼, 매실액 1스푼, 깨 2스푼

양념   새우젓 건더기만 1스푼, 소금 1/3스푼, 올리고당 1/2스푼, 다진 마늘 1스푼, 다진 생강 1/4스푼, 다진 파 3스푼

조리 순서	1	무는 두껍지 않게 채를 썰어 준비한다.

조리 순서

1 무는 두껍지 않게 채를 썰어 준비한다.

2 1에 고춧가루와 매실액을 넣고 살살 버무려 10분 이상 둔다.

3 2에 양념 재료를 넣고 충분히 버무려 20~30분간 그대로 둔다.

Q 식초나 참기름은 취향에 따라 넣되, 양념 재료를 버무릴 때 넣는다.

4 시간이 되면 3을 다시 한번 잘 섞어 깨를 넣고 무쳐 마무리한다.

Q 하루가 지나면 무생채의 시원한 맛이 올라와 맛이 더 좋아진다.

고추조림 ✦

재료	청양고추 200g, 식용유 1스푼, 들기름 1스푼, 다진 마늘 1스푼, 물 5스푼, 깨 1스푼, 참기름 1/2스푼
1차 양념	양조간장 1스푼, 액젓 1스푼, 올리고당 1스푼
2차 양념	양조간장 1/2스푼, 올리고당 1/2스푼

조리 순서

1 청양고추는 꼭지를 따 깨끗이 손질한다.

2 팬에 식용유, 들기름을 두르고 다진 마늘을 넣어 약불에 향을 내준다.

3 마늘 향이 충분히 올라오면 청양고추와 1차 양념을 넣고 잘 섞이도록 충분히 볶는다.

4 팬에 물을 넣어가며 계속 볶아 조린다.

5 고추의 숨이 완전히 죽으면 가위로 고추를 반씩 자른다. 2차 양념을 넣고 맛이 배도록 한 번 더 볶는다.

6 불을 끄고 깨, 참기름을 넣고 섞어 마무리한다.

고추장아찌 ✦

재료   청양고추 25개, 풋고추 25개

절임장   양조간장 1컵(200ml), 물 3컵, 자일로스 설탕 1/3컵, 매실액 1/3컵, 양조식초 2/3컵

| 조리 순서 | 1 | 청양고추와 풋고추는 깨끗이 씻어 물기를 닦는다. 고추의 꼭지가 1cm 정도 남도록 다듬는다. 절임장이 잘 흡수되도록 고추 끝을 1~2mm 정도 자른다. |

조리 순서

1 청양고추와 풋고추는 깨끗이 씻어 물기를 닦는다. 고추의 꼭지가 1cm 정도 남도록 다듬는다. 절임장이 잘 흡수되도록 고추 끝을 1~2mm 정도 자른다.

Q 매운맛을 좋아하면 청양고추로만 하거나 반대로 풋고추로만 장아찌를 만들어도 된다.

2 청양고추와 풋고추는 물기를 한 번 더 닦아 미리 준비한 유리 용기에 담는다.

Q 선풍기에 고추를 한 번 말리는 것을 추천한다. 고추장아찌 용기는 깊고 좁은 유리 용기로 준비하고, 열탕 소독 후 식혀 사용한다. 장아찌를 3개월 이상 숙성할 때 유리 용기를 물2½컵과 소주1/2컵을 섞어 열탕 소독해 사용한다.

3 냄비에 양조간장, 물, 설탕, 매실액을 섞은 다음, 양조식초를 넣고 설탕이 녹도록 끓인다. 그대로 유리 용기에 붓고 완전히 차갑게 식혀 뚜껑을 닫는다.

4 서늘한 곳에 하루 보관하고 김치냉장고에 넣어 최소 4주 숙성시켜 완성한다.

꽈리고추찜 ✦

재료	꽈리고추 150~160g, 밀가루 1스푼, 깨 1스푼, 참기름 1스푼
양념	양조간장 3스푼, 액젓 1스푼, 고춧가루 1½스푼, 올리고당 1스푼, 다진 마늘 1/2스푼, 다진 파 1스푼

조리 순서		
	1	꽈리고추를 씻어 양념이 잘 스며들게 포크로 찍어 구멍을 낸다. 양념 재료도 섞어둔다.
	2	일회용 봉투에 물기가 있는 꽈리고추와 밀가루를 넣어 고추 표면에 밀가루를 묻힌다.
	3	냄비의 물이 끓기 시작하면 꽈리고추를 올려 7분 정도 찐 다음 빠르게 식혀준다.
	Q	쪄둔 꽈리고추를 식힐 때는 선풍기를 이용해 빨리 식히면 색감이 좋다.
	4	손 대신 수저나 젓가락을 이용해 찐 꽈리고추를 양념에 살살 무친다.
	5	깨, 참기름을 넣고 섞어 마무리한다.

꽈리고추돼지고기볶음 ✦

재료	꽈리고추 150g, 돼지고기 다짐육 300g, 식용유 1스푼, 다진 마늘 1/2스푼, 다진 파 1스푼, 양조간장 1½스푼,
	올리고당 1스푼, 참기름 1스푼, 깨 1스푼
고기밑간 양념	양조간장 3스푼, 매실액 1스푼, 다진 마늘 1스푼, 다진 파 1스푼, 소주 2스푼, 후추 적당량, 참기름 1스푼

조리 순서		

1 돼지고기 다짐육을 고기밑간 양념에 30분 정도 재운다. 꽈리고추를 씻어 한입 크기로 썬다.

2 팬에 식용유를 살짝만 두르고 다진 마늘, 다진 파를 볶는다. 향이 올라오면 밑간한 돼지고기를 넣어 국물이 없어질 때까지 볶는다.

3 볶은 고기를 팬 한쪽으로 밀어두고 꽈리고추와 양조간장을 넣어 살짝 볶는다. 돼지고기와 섞어가며 같이 볶아준다.

4 꽈리고추가 너무 푹 익기 전까지만 볶아 불을 끄고 올리고당, 참기름, 깨를 넣고 섞어 마무리한다.

연겨자양파절임 ✦

조리 순서

1   양파는 1~2mm로 얇게 채 썬다.

2   분량의 재료를 섞어 소스를 만든다.

Q   신맛을 좋아하면 식초 2~3스푼 넣어주면 좋다.

3   준비한 2를 1에 부어 먹는다.

Q   치커리나 다른 원하는 채소를 잘라 넣어도 좋다.

양파무침 ✦

재료   (중간)양파 1개, 깨 1/2스푼, 참기름 1스푼

양념   고춧가루 1스푼, 액젓 1/2스푼, 소금 2~3꼬집, 다진 마늘 1/2스푼, 매실액 1스푼, 사과식초 1스푼, 다진 파 2스푼

조리 순서		

1 양파는 3mm 정도로 채를 썰어 차가운 물에 10분 정도 담가 매운맛을 빼준다. 담가 놓은 양파는 체에 받쳐 물기를 빼준다.

2 1을 볼에 담고 분량의 양념을 넣어 슬슬 무쳐준다.

3 깨, 참기름을 넣고 한 번 더 섞어 마무리한다.

양파장아찌 ✦

재료	(중간)양파 3개
절임장	물 3컵, 양조간장 1/2컵, 양조식초 1/3컵, 자일로스 설탕 1/3컵, 소금 1/2스푼

조리 순서

1   양파를 한입 크기로 썰어 유리 용기에 넣어둔다.

Q   장아찌를 담을 유리 용기는 미리 열탕 소독해 준비한다.

2   냄비에 분량의 절임장 재료를 넣는다. 소금과 설탕이 녹을 정도로 팔팔 끓인다.

3   절임장이 뜨거울 때 바로 유리 용기에 붓고 완전히 차갑게 식혀 뚜껑을 덮는다. 서늘한 곳에 하루 정도 숙성하고 냉장 보관한다.

고추장오이무침

재료   오이 1개, (작은)양파 1/2개, 다진 파 2스푼, 깨 1스푼, 참기름 1스푼

양념   고추장 1/2스푼, 고춧가루 1스푼, 다진 마늘 1/2스푼, 매실액 1스푼, 사과식초 2스푼

<table>
<tr><td>조리 순서</td><td>1</td><td>분량의 재료로 양념을 만든다. 오이와 양파는 썰어 준비한다.</td></tr>
<tr><td></td><td>Q</td><td>오이에 바로 양념을 무쳐도 되지만 간 맞추는 게 걱정이 되면 미리 만들어 조금씩 무쳐준다.</td></tr>
<tr><td></td><td>2</td><td>썬 오이와 양파를 볼에 넣고 양념을 조금씩 넣어가며 무친다.</td></tr>
<tr><td></td><td>3</td><td>다진 파, 깨, 참기름을 넣고 섞어 마무리한다.</td></tr>
</table>

오이무침 ✦

재료	오이 1개, (작은)양파 1/2개, 소금 1/2스푼, 다진 파 2스푼, 깨 1스푼, 참기름 1/2스푼
양념	고춧가루 1/2스푼, 다진 마늘 1/2스푼, 매실액 1스푼, 사과식초 1스푼

조리 순서

1 오이는 세로로 반을 잘라 어슷 썰고, 소금을 뿌려 섞은 다음, 15분간 절인다. 양파는 채를 썰어 준비한다.

2 절인 오이를 물에 아주 살짝만 헹구고 물기를 뺀다.

Q 제대로 절여지면 부러지지 않고 잘 휘어진다.

3 볼에 오이, 썰어둔 양파와 양념을 넣고 무친다.

4 양념이 고루 섞이게 무치고 다진 파, 깨, 참기름을 넣고 섞어 마무리한다.

Q 부족한 간은 소금으로 맞춘다.

하얀오이무침

재료	오이 2개, 소금 2/3스푼, 깨 1스푼, 참기름 1스푼
양념	다진 마늘 1/2스푼, 다진 파 3스푼, 올리고당 1/2~1스푼, 사과식초 1~2스푼

조리 순서	1 오이는 2~3mm 두께로 썰어 소금에 20분간 절인다. 중간에 2번 정도 위아래를 바꿔 준다.

조리 순서

1. 오이는 2~3mm 두께로 썰어 소금에 20분간 절인다. 중간에 2번 정도 위아래를 바꿔 준다.

2. 물에 헹구지 않고 깨끗한 면보나 키친타월에 1을 최대한 꾹꾹 짜 준비한다.

3. 2에 양념 재료를 넣고 조물조물 무친다.

4. 부족한 간은 소금으로 하고 깨, 참기름을 넣고 한 번 더 섞어 마무리한다.

된장오이무침 ✦

재료	오이 1개, 깨 1스푼, 참기름 1/2스푼
양념	된장 1/2~2/3스푼, 올리고당 1/2스푼, 다진 마늘 1/2스푼, 다진 파 2스푼, 참기름 1/2스푼

조리 순서	1	오이는 깍둑썰기한다. 분량의 재료를 섞어 양념을 준비한다.
	2	오이에 양념을 조금씩 넣어 무치고 깨, 참기름을 넣고 섞어 마무리한다.
	Q	들깻가루를 1~2스푼 더하면 고소한 맛을 즐길 수 있다.

오이볶음 ✦

재료   오이 2개, 소금 2/3스푼, 식용유 1/2스푼, 들기름 1/2스푼, 다진 마늘 1/2스푼, 깨 1스푼, 참기름 1스푼

조리 순서		

1   오이를 깨끗이 씻어 2~3mm 두께로 썬다.

2   1에 소금을 넣고 섞어 물기가 생기게 15분간 둔다. 위아래가 고루 절여지게 섞는다.

Q   싱겁게 먹고 싶으면 소금을 1/2스푼만 넣고 부족한 간은 나중에 추가한다.

3   면보를 이용해 2의 물기를 최대한 꾹꾹 짠다.

4   팬에 식용유, 들기름, 다진 마늘을 넣고 약불에 다진 마늘을 볶아준다.

5   마늘 향이 진하게 올라오면 3을 넣고 중불로 2~3분간 빠르게 볶는다. 깨, 참기름을 넣고 섞어 마무리한다.

Q   너무 오래 볶으면 오이가 물러지고 색도 탁해진다. 완성 후 바로 넓은 그릇에 펼쳐 선풍기로 식히면 오이 특유의 초록색과 아작한 식감을 살릴 수 있다.

오이김치 ✦

재료	오이 5개, 쪽파 한 줌, 굵은소금 3스푼, 물 1/2컵, 깨 2스푼
양념	양파 1/3개, 고춧가루 5스푼, 액젓 4~5스푼, 새우젓 건더기만 1스푼, 매실액 2스푼, 다진 마늘 2스푼, 생강 1톨

조리 순서

1   오이는 깨끗이 헹궈서 잘라 준비한다. 쪽파도 한입 크기로 자른다.

2   썰어둔 오이에 굵은소금과 물을 넣고 잘 섞어 30분간 절인다. 2~3회 정도 위아래로
     섞어 고루 절인다.

3   분량의 재료를 믹서기로 갈아 양념을 만든다.

4   2를 물에 살짝 헹궈 물기를 충분히 빼준다.

5   4에 양념을 조금씩 넣어가며 무치고 준비해 둔 쪽파, 깨를 넣고 버무려 마무리한다.

오이지 ✦

재료   오이지용 오이 50개, 천일염 굵은소금 1kg, 자일로스 설탕 800g, 양조식초 4컵, 소주 2/3병

조리 순서		

조리 순서

1 오이지용 오이를 상처가 없도록 살살 씻어 물기를 닦아 말린다.

Q 물기가 없어야 곰팡이가 생기지 않기 때문에, 선풍기 앞에서 바짝 말려준다. 오이지용 오이는 얇고 작은 것이 좋고, 재래시장에서 '오이지용 오이'를 주문하면 구매하기 쉽다.

2 큰 통을 준비하고 통 위에 김장봉투를 2~3겹 겹쳐 준비한다.

3 물기 없는 오이를 김장봉투에 켜켜이 넣어 천일염 굵은소금, 설탕, 양조식초, 소주를 고루 뿌린다.

Q 매운맛을 좋아하면 청양고추 10개 혹은 고추씨 1컵을 같이 넣어준다.

4

5

4   누름돌이나 묵직한 그릇으로 눌러 밀봉해 서늘한 곳에 둔다. 일주일 동안 하루에 한 번씩 위아래를 섞어준다.

Q   위아래를 한 번씩 섞고 꼭 무거운 걸로 눌러주며, 밀봉할 때는 공기를 잘 빼주어야 한다. 그래야 더 쪼글쪼글하게 잘 만들어진다.

5   일주일 뒤 오이를 건져 보관할 통에 차곡차곡 담는다. 국물은 오이가 자박할 정도만 남겨 김치냉장고에 보관한다.

Q   오이지는 물 없이 담그지만 하루하루 지날수록 국물이 많이 생긴다. 그렇기 때문에 국물은 오이가 잠길 정도만 남기고 모두 버린다.

오이지무침 ✦

재료	오이지 2개, 깨 1스푼, 참기름 1스푼
양념	고춧가루 1스푼, 올리고당 1스푼, 다진 마늘 1/2스푼, 다진 파 2스푼

조리 순서

1   오이지를 썰어서 차가운 물에 30분 정도 담가 짠기를 빼준다.

Q   6개월 이상 된 오이지는 30분 이상 물에 담가 짠맛을 빼준다.

2   1을 면보에 넣고 힘을 다해 최대한 꾹꾹 짜서 준비한다.

3   볼에 2와 양념 재료를 넣고 눌러가며 무쳐준다.

4   깨와 참기름을 넣고 한 번 더 섞어 마무리한다.

Q   하얗게 무쳐 먹고 싶을 때는 고춧가루를 빼고 참기름 대신 들기름 1스푼을 넣으면 감칠맛을
    느낄 수 있다.

오이피클 

재료 오이 4개, 양조식초 150g

절임액 물 2컵, 소금 1.3스푼, 자일로스 설탕 150g, 월계수잎 2장, 통후추 10알, 피클링 스파이스 1스푼

조리 순서		
1	오이는 깨끗이 씻어 물기를 완전히 닦은 다음 두툼하게 썰어 유리 용기에 담는다.
Q	오이피클 용기는 미리 열탕 소독을 해 둔다.
2	냄비에 절임액 재료를 넣고 소금, 설탕이 녹도록 팔팔 끓인다.
Q	식초의 강한 맛을 좋아하지 않는다면 분량의 절임액 재료와 같이 끓여준다.
3	설탕이 녹으면 식초를 넣고 20~30초만 더 끓여 불을 끄고 그대로 통에 붓는다.
4	피클을 완전히 식히고 뚜껑을 닫는다. 하루 정도 서늘한 곳에 두었다가 김치냉장고에 보관한다.

감자조림

재료	감자 2개, 식용유 2스푼, 소금 1/3스푼, 올리고당 1/2스푼, 참기름 1/2스푼, 깨 1스푼
양념	물 1컵(200㎖), 양조간장 2스푼, 올리고당 1스푼

조리 순서	1	감자를 2~3mm 두께로 썰어 10분 정도 물에 담가 전분기를 뺀다. 체에 밭쳐 물기를 뺀다.

조리 순서

1 감자를 2~3mm 두께로 썰어 10분 정도 물에 담가 전분기를 뺀다. 체에 밭쳐 물기를 뺀다.

2 팬에 식용유를 두르고 1을 넣고 소금을 넣고 살짝만 볶아준다.

3 2에 양념 재료를 넣고 조린다.

4 센불에서 조리다 감자가 잘 익었는지 확인하고 국물이 거의 없을 때 불을 끈다. 올리고당, 참기름, 깨를 넣고 섞어 마무리한다.

감자전

조리 순서

1 먼저 감자를 갈아 준비하고, 양파는 강판에 갈아 따로 둔다.

Q 간 양파를 감자 반죽에 넣으면 갈변 현상도 막고 풍미도 좋아진다.

2 갈아낸 감자는 체에 걸러 즙만 따로 그릇에 받아 둔다. 체 위에 감자 건더기는 꾹 짜 둔다. 볼에 감자 건더기, 갈아 둔 양파는 바로 섞는다. 섞은 반죽에 소금, 부침가루도 고루 섞는다.

3 즙은 전분이 가라앉도록 15분 정도 둔다.

4 3의 윗물은 버리고 남은 전분은 2에 잘 섞는다.

5 팬에 식용유는 적당량을 두르고 섞은 반죽을 부친다.

감자채전 ✦

재료　　　감자 2개, 소금 1/3스푼, 부침가루 1~2스푼, 식용유 적당량

조리 순서

1 깨끗이 손질한 감자 2개를 1~2mm 두께로 채를 썬다. 썰어둔 감자에 소금을 충분히 섞어 10분간 재운다.

Q 감자는 최대한 얇게 썰면 잘 익고 맛도 좋다.

2 감자를 절이며 나온 물은 버리고 부침가루를 넣어 고루 섞는다.

Q 부침가루 대용으로 밀가루, 튀김가루, 전분 가루 모두 괜찮다.

3 팬에 식용유를 두르고 중불로 예열한 후 준비한 감자채를 적당히 올려주고 꾹꾹 눌러 가며 앞뒤가 노릇하게 될 때까지 익힌다.

햄감자채볶음 ✦

재료   감자 1개, 물 2컵(400ml), 햄 100g, 양파 1/2개, 식용유 2스푼, 소금 1/3스푼, 깨 1/2스푼, 참기름 1/2스푼

조리 순서	

1 감자는 채 썰어 물에 담가 전분기를 빼준다. 햄, 양파도 감자와 같은 두께로 채를 썬다.

Q 햄과 감자의 비율은 1:1로 해야 보기도 좋고 맛도 좋다.

2 중불로 예열한 팬에 식용유를 두르고 먼저 햄을 볶는다.

3 햄을 노릇하게 볶고 한쪽으로 밀어놓는다. 빈 곳에 감자와 소금을 넣어 볶는다.

Q 팬 하나에 같이 볶기 어렵다면 햄을 덜어 놓고 감자만 볶아준다.

4 감자가 투명해지면 볶아둔 햄과 양파를 넣어 숨이 죽게 한 번 더 볶는다. 불을 끄고 깨와 참기름을 넣고 섞어 마무리한다.

Q 햄이 싫으면 햄만 빼고 감자채볶음으로 먹어도 좋다.

매콤감자볶음 ✦

재료	감자 2개, 물 4컵, 식용유 3스푼, 소금 1/3스푼, 다진 마늘 1스푼, 참기름 1스푼, 깨 1스푼
양념	고춧가루 1스푼, 양조간장 2스푼

조리 순서	1 감자는 채를 썰어 물에 10분간 담가 전분기를 뺀다. 시간이 지나면 감자를 채반에 받쳐 물기를 뺀다.

조리 순서

1   감자는 채를 썰어 물에 10분간 담가 전분기를 뺀다. 시간이 지나면 감자를 채반에 받쳐 물기를 뺀다.

2   중약불로 예열한 팬에 식용유를 둘러 1과 소금, 다진 마늘을 넣고 볶는다.

3   2가 투명해질 정도로 익으면 양념 재료를 넣어 감자를 마저 익힌다.

4   감자가 익으면 불을 끄고 참기름, 깨를 넣고 섞어 마무리한다.

가지볶음 ✦

재료	가지 2개, 양파 1/2개, 청양고추 1개, 홍고추 1개, 식용유 2스푼, 다진 파 2스푼, 다진 마늘 1스푼, 굴소스 2스푼, 후추 적당량, 참기름 1스푼, 깨 1스푼
절임물	소금 1/2스푼, 물 3스푼

조리 순서

1 가지를 반으로 갈라 두툼하게 썬다. 양파는 채를 썰고 청양고추와 홍고추도 썰어둔다.

2 썬 가지는 절임물 재료에 15분간 절인다. 중간에 위아래를 바꿔준다.

3 절인 가지는 물에 살짝 짠기를 씻고 물기를 꾹 짜준다.

4 중불로 예열한 팬에 식용유를 충분히 두르고 다진 파, 다진 마늘을 넣어 향을 낸다.

5 향이 올라오면 3과 채 썬 양파를 넣고 굴소스와 후추를 넣고 빠르게 볶는다.

Q 매운맛을 좋아하면 마지막에 청양고추 2개를 썰어 같이 볶는다.

6 양념이 잘 배면 불을 끄고 참기름, 깨를 넣고 섞어 마무리한다.

차돌가지볶음 ✦

재료	가지 2개, 양파 1/2개, 홍고추 2개, 청양고추 2개, 대파 반대, 냉동 차돌박이 200g, 소주 2스푼, 깨 1스푼, 참기름 1스푼
고기밑간 양념	다진 마늘 1스푼, 다진 파 2스푼
가지볶음 양념	굴소스 2스푼, 양조간장 1스푼, 올리고당 1스푼, 후추 적당량

조리 순서

1   가지는 너무 얇지 않게 썰고 양파는 채를 썬다. 홍고추, 청양고추, 대파는 어슷 썬다. 냉동 차돌박이도 분량만큼 준비한다.

2   중불로 예열한 팬에 냉동 차돌박이와 소주를 넣어 볶는다. 차돌박이를 붉은 기가 거의 보이지 않을 정도로 굽고 고기에서 나온 기름은 닦아낸다.

3   2에 고기밑간 양념을 넣는다. 향이 진하게 올라오면 썬 가지를 넣어 볶는다.

4   가지가 반 정도 익으면 가지볶음 양념에 썬 양파, 청양고추, 홍고추, 대파를 넣고 센불에서 양파가 약간 투명해질 때까지 빠르게 볶는다.

5   깨, 참기름을 넣고 섞어 마무리한다.

가지나물 ✦

재료	가지 1개, 깨 1/2스푼, 참기름 1스푼
양념	국간장 1/2스푼, 액젓 1스푼, 매실액 2/3스푼, 다진 마늘 1/2스푼, 다진 파 1스푼

조리 순서		
	1	가지는 먹기 좋은 크기로 썰어 준비한다. 양념은 섞어 둔다.
	2	냄비의 물이 끓으면 찜기에 가지를 올려 6~7분 간 찌고 찜기를 그대로 꺼내 가지를 식힌다.
	3	가지가 식으면 준비한 양념에 무치고 깨, 참기름과 섞어 마무리한다.
	Q	가지 크기에 따라 국간장과 액젓 양을 조절한다. 가지 향을 좋아하면 찐 가지 위에 바로 깨, 들기름을 미리 섞은 양념을 얹어 먹어도 좋다.

깻잎전 ✦

재료	깻잎 30장, 부침가루 2스푼, 식용유 적당량
달걀물	달걀 4~5개, 소금 약간, 참기름 2~3방울, 청양고추 3개

| 조리 순서 | 1 | 깻잎은 깨끗이 씻어 지저분한 꼭지는 자르고 체에 받쳐 물기를 빼둔다. 청양고추는 다져서 준비한다. |

조리 순서

1 깻잎은 깨끗이 씻어 지저분한 꼭지는 자르고 체에 받쳐 물기를 빼둔다. 청양고추는 다져서 준비한다.

2 넓은 볼에 달걀물 재료를 섞어 준비하고 부침가루도 준비한다.

Q 청양고추와 섞기 전에 체에 한 번 거르면 달걀물이 더 곱고 좋다.

3 깻잎을 2장씩 겹쳐 위아래에 부침가루를 살짝 묻힌 다음 준비한 달걀물을 입힌다.

4 팬에 식용유을 두르고 중불에 노릇하게 구워준다.

깻잎지 ✦

재료　　깻잎 30장, 양파 1/2개

양념　　양조간장 3스푼, 액젓 1스푼, 물 4스푼, 매실액 1스푼, 고춧가루 1½스푼, 다진 마늘 1/2스푼, 참기름 1스푼,
　　　　다진 파 2스푼, 깨 1스푼

조리 순서

1 깻잎은 깨끗이 씻어 체에 밭쳐 물기를 뺀다. 깻잎 꼭지는 2~3mm 정도 남겨 손질한다. 양파는 최대한 얇게 채를 썰어 준비한다.

2 양념 재료와 얇게 채 썬 양파를 섞는다.

3 내열 그릇이나 유리 용기에 깻잎을 두 장씩 양념을 발라 켜켜이 쌓는다.

Q 깻잎이 한곳으로 쏠리지 않게 꼭지를 두 장씩 번갈아 쌓는다.

4 냄비에 3이 반 정도 잠길 정도로 물을 붓고 센불로 끓인다. 물이 끓으면 3을 넣고 3~5분간 찐다.

5 4를 꺼내 스며나온 국물을 깻잎에 한 번씩만 끼얹어 마무리한다.

Q 국물은 꼭 끼얹어 준다. 깻잎지가 식으며 국물이 더 생긴다.

된장깻잎지 ✦

재료	깻잎 40장 내외, 양파 1/2개, 참기름 1/2스푼, 깨 1/2스푼
양념	육수 1컵, 된장 1/2스푼, 들기름 1스푼, 액젓 1스푼, 매실액 1스푼, 다진 마늘 1/2스푼, 다진 파 2스푼

조리 순서

1 양파를 얇게 썰어 양념 재료와 섞어둔다.

Q 된장 염도에 따라 양을 조절한다.

2 깻잎은 깨끗이 씻어 체에 밭쳐 물기를 빼고 깻잎 꼭지는 2~3mm 정도 남기고 손질한다. 냄비에 손질한 깻잎을 2~3장씩 깔아 양념을 조금씩 얹는다. 깻잎을 다 넣을 때까지 반복한다.

3 2에 국물을 끼얹어가며 중불과 강불 사이에서 5분간 익힌다. 불을 끄고 참기름과 깨를 뿌려 마무리한다.

깻잎장아찌 ✦

재료	깻잎 100장 내외, 통마늘 6~7개
절임장	물 3컵, 양조간장 1/2컵(100ml), 매실액1/2컵(100ml), 식초 1/2컵(100ml), 액젓 3스푼, 소주 1/2컵(100ml), 자일로스 설탕 2스푼, 소금 1/2스푼

조리 순서	1 깻잎은 먼저 꼭지를 손질해 씻고 체에 받쳐 1시간 이상 충분히 물기를 빼준다. 통마늘은 편으로 얇게 편을 썬다.
	2 냄비에 절임장 재료를 붓고 센불에 팔팔 끓인다. 설탕이 녹아 끓으면 불을 끄고 5분 정도 한 김 식힌다.
	3 내열 그릇이나 유리 용기를 뜨거운 물에 소독하고 깻잎을 넣은 다음 2를 붓는다.
	4 절임장에 깻잎이 푹 잠기도록 무거운 그릇으로 꾹 누른다. 완전히 식으면 뚜껑을 닫고 하루 정도 실온에 두었다가 냉장고에 넣는다.
	Q 일주일 뒤에 먹으면 맛이 좋다.

마늘종무침 ✦

재료   마늘종 250g, 소금 1/2스푼, 깨 1스푼, 참기름 1스푼

양념   고추장 1½스푼, 고춧가루 1스푼, 양조간장 2스푼, 매실액 1스푼, 올리고당 1/2스푼

조리 순서

1　먼저 양념 재료를 섞어둔다.

2　마늘종은 위아래 지저분한 부분은 손질하고 한입 크기로 잘라 준비한다.

3　냄비에 마늘종이 잠길 정도로 물을 붓고 소금을 넣어 끓인다. 물이 끓으면 마늘종을 넣고 30초 정도 빠르게 데쳐 찬물에 식힌다.

4　키친타월로 물기를 닦고 1을 조금씩 넣어가며 입맛에 맞게 무친다.

5　깨와 참기름을 넣어 한 번 더 섞어 마무리한다.

마늘종조림

재료	마늘종 250g, 식용유 1스푼, 들기름 1스푼, 다진 마늘 1스푼, 소금 3꼬집, 깨 1스푼, 참기름 1스푼
양념	양조간장 3스푼, 매실액 1스푼, 올리고당 1스푼, 물 1컵

조리 순서	1 마늘종을 먹기 좋은 크기로 손질한다.
	2 팬에 식용유, 들기름을 두르고 다진 마늘과 소금을 넣어 마늘종을 중불로 살짝 볶는다.
	3 소금간이 살짝 되었다 싶을 때 양념 재료를 넣고 약불로 천천히 조린다.
	4 원하는 식감이 될 때까지 조리고 불을 끈다. 깨와 참기름을 넣고 섞어 마무리한다.
	Q 양념이 스며들도록 한 김 식을 동안 그대로 둔다.

마늘종장아찌 ✦

재료   마늘종 1kg

절임장   물 3컵, 양조간장 1컵, 매실액 1/2컵, 자일로스 설탕 2스푼, 양조식초 2/3컵, 소주 1/2컵

| 조리 순서 | 1 | 마늘종은 깨끗이 씻어 물기가 없도록 닦아 한입 크기로 자른다. 유리 용기는 열탕 소독해 준비한다. |

조리 순서

1 마늘종은 깨끗이 씻어 물기가 없도록 닦아 한입 크기로 자른다. 유리 용기는 열탕 소독해 준비한다.

2 냄비에 절임장 재료를 넣고 설탕이 녹을 만큼만 팔팔 끓인다.

Q 새콤한 게 좋으면 절임장 재료를 다 끓인 뒤 불을 끄고 마지막에 식초를 넣어도 좋다. 입맛에 따라 간장, 식초, 설탕을 조절한다.

3 유리 용기에 마늘종을 넣고 절임장이 뜨거울 때 바로 붓는다. 완전히 식으면 뚜껑을 덮어 하루동안 실온이 서늘한 곳에 두었다가 김치냉장고에 넣어 보관한다.

Q 4주 후에 먹는 것이 좋다. 오래 두고 먹는다면 다음날 절임장만 따라내 한 번 더 끓였다가 완전히 식혀 마늘종에 붓는다. 이후 김치냉장고에 보관한다. 마늘종장아찌가 다 익으면 두 줌 정도 국물을 털어 고추장 1½스푼, 올리고당 1스푼, 깨 1스푼, 참기름 1스푼을 넣고 섞어 먹어도 좋다.

양념청포묵 ✦

재료 청포묵 300g, 식용유 1/3스푼, 소금 5꼬집, 조미김 2~3장
양념장 양조간장 2½스푼, 올리고당 1스푼, 다진 마늘 1/3스푼, 깨 1스푼, 참기름 1스푼

<table>
<tr><td>조리 순서</td><td>1</td><td>청포묵은 한입 크기로 썬다. 쪽파와 홍고추도 썰어 준비한다.</td></tr>
<tr><td></td><td>2</td><td>끓는 물에 소금을 넣고 청포묵을 2~3분만 데쳐 차가운 물에 식혔다가 물기를 뺀다.</td></tr>
<tr><td></td><td>3</td><td>분량의 재료를 섞어 양념장을 만든다.</td></tr>
<tr><td></td><td>4</td><td>물기가 빠지면 묵을 그릇에 담고 준비한 쪽파와 홍고추를 얹어 양념장을 뿌려준다.</td></tr>
</table>

도라지무침 ✦

재료	깐 도라지 200g 내외, 다진 파 3스푼, 깨 1스푼, 참기름 1스푼
쓴맛 제거	물 5컵, 소금 1스푼, 자일로스 설탕 2스푼, 사과식초 2스푼
양념장	고추장 1½스푼, 고춧가루 2스푼, 매실액 1스푼, 사과식초 2스푼, 양조간장 1스푼, 다진 마늘 1/2스푼

조리 순서

1 깐 도라지는 한입 크기로 썰어둔다. 쓴맛을 제거하기 위해 물과 소금, 설탕, 사과식초를 섞고 도라지를 넣어 뒤적여 30분간 담가둔다.

2 분량의 재료를 섞어 양념장을 만든다.

3 물은 버리고 도라지는 살짝 헹궈 물기를 뺀다.

4 3에 2를 조금씩 넣어가며 무친다.

5 다진 파, 깨, 참기름을 넣고 한 번 더 무쳐 마무리한다.

참나물무침 ✦

재료   참나물 150g, 양파 1/3개, 깨 1스푼, 참기름 1스푼

양념   고춧가루 1스푼, 양조간장 2스푼, 매실액 1스푼, 다진 마늘 1/2스푼, 다진 파 3스푼, 사과식초 1스푼

조리 순서

1   참나물은 깨끗이 씻어 체에 밭쳐 물기를 빼고, 한입 크기로 자른다. 양파도 얇게 채를 썰어 준비한다.

2   준비한 참나물에 양념 재료를 얹는다.

3   참나물은 숟가락이나 젓가락을 이용해 살살 무친다.

4   깨, 참기름 넣고 섞어 마무리한다.

브로콜리무침 ✦

재료　　　브로콜리 250g, 물 4컵, 소금 1/3스푼, 깨 1스푼, 참기름 1스푼

양념　　　다진 마늘 1/3스푼, 소금 1~2꼬집, 액젓 1/2스푼

조리 순서	1　브로콜리는 깨끗하게 씻어 먹기 좋은 크기로 자른다.
	2　냄비에 물과 소금을 넣고 끓이다가 1을 넣고 30초~1분 정도 데친다.
	3　2를 빠르게 차가운 물에 담가 식히고 물기를 뺀다.
	4　3에 양념 재료를 넣고 충분히 버무려 준다.
	5　깨, 참기름을 넣어 한 번 더 섞어 마무리한다.

생땅콩조림 ✦

재료   생땅콩 200g, 물 3컵, 양조식초 2스푼, 올리고당 1스푼, 깨 1스푼, 참기름 1스푼

양념   물 2½컵, 식용유 1스푼, 양조간장 4스푼, 매실액 1스푼, 올리고당 1스푼

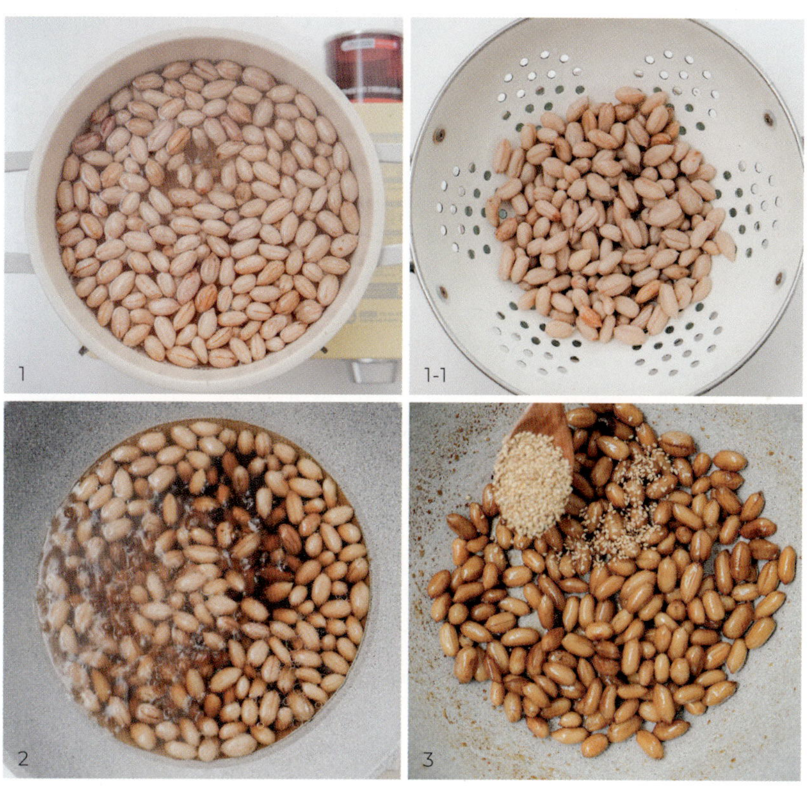

조리 순서		
	1	냄비에 땅콩과 땅콩이 잠길 만큼 물을 붓고 양조식초를 넣어 5분 정도 끓이고 헹군다.
	2	냄비에 1과 양념 재료를 넣고 중약불로 30분 이상 조린다.
	3	양념이 거의 조려지면 센불로 키워 바짝 조리다가 불을 끈다. 올리고당, 깨, 참기름을 넣고 섞어 마무리한다.

숙주나물무침 ✦

<table>
<tr><td>재료</td><td>숙주 260g, 물 2컵, 소금 1/3스푼, 깨 1스푼, 참기름 1스푼</td></tr>
<tr><td>양념</td><td>다진 마늘 1/2스푼, 다진 파 2스푼, 액젓 1½스푼</td></tr>
</table>

조리 순서

1 숙주는 손질 후 2~3번 헹궈 채반에 밭쳐 물기를 뺀다.

2 냄비에 물과 소금을 넣고 끓인다.

3 물이 끓어오르면 1을 넣고 위아래를 고루 섞어 3~4분가량 익힌다.

4 시간이 되면 숙주를 건져내 채반에 넓게 펼쳐 빠르게 식힌다.

5 4에 양념 재료를 넣어 무친다. 깨, 참기름을 넣고 섞어 마무리한다.

Q 액젓 대신에 액젓 1스푼과 소금 1~2꼬집으로 간을 해도 맛있다.

고추장떡부침

재료   부추 반줌, 깻잎 10장, 고추 2개, 식용유 적당량

부침 반죽   부침가루 1컵, 물 2/3컵, 고추장 1스푼, 액젓 1스푼, 들기름 1스푼

조리 순서

1   부추, 깻잎, 고추를 썰어 준비한다.

2   부침 반죽 재료를 볼에 넣고 잘 섞는다.

3   2에 1을 넣고 잘 섞는다.

4   팬에 식용유를 두르고 너무 크지 않게 부친다.

육류, 해산물로 만드는
매일 반찬

어묵전 ✦

| 조리 순서 | 1 | 어묵은 1장당 6조각으로 자른다. 청고추와 홍고추는 잘게 다진다. |

조리 순서

1 어묵은 1장당 6조각으로 자른다. 청고추와 홍고추는 잘게 다진다.

Q 어묵은 조리 전에 데치거나 씻어 준비한다. 어묵이 두툼할수록 맛있다.

2 그릇에 달걀, 소금을 풀고 다진 청고추와 홍고추를 넣는다.

3 어묵에 밀가루를 묻히고 한 번 털어준다.

4 팬에 기름을 충분히 두르고 열기가 올라오면 준비한 어묵에 달걀물을 입혀 굽는다.

Q 취향껏 케첩이나 양조간장, 고춧가루, 참기름, 깨를 섞어 양념간장을 만든다.

어묵볶음

<table>
<tr><td>재료</td><td>어묵 3장, 양파 1/3개, 대파 반대, 식용유 1스푼, 다진 마늘 1/2스푼, 깨 1/2스푼, 참기름 1스푼</td></tr>
<tr><td>양념</td><td>물 3스푼, 양조간장 2스푼, 올리고당 1스푼</td></tr>
</table>

| 조리 순서 | 1 | 어묵은 1장당 8조각으로 썬다. 양파는 한입 크기로 썰고 대파는 어슷 썬다. |

1 어묵은 1장당 8조각으로 썬다. 양파는 한입 크기로 썰고 대파는 어슷 썬다.

Q 어묵은 조리 전에 데치거나 씻어 준비한다. 어묵은 원하는 크기나 모양으로 썰어도 된다.

2 중약불로 데운 팬에 식용유을 두르고 다진 마늘을 볶다가 향이 올라오면 어묵, 양파, 대파를 넣고, 양념 재료를 넣어 빠르게 볶는다.

3 불을 끄고 깨와 참기름을 넣고 섞어 마무리한다.

어묵조림 ✦

재료   어묵 200g, 대파 반대, 깨 1스푼, 참기름 1스푼

양념   물 1/2컵, 고추장 1스푼, 고춧가루 1/2스푼, 양조간장 2스푼, 올리고당 2스푼, 다진 마늘 1/2스푼, 후추 적당량

조리 순서

1 어묵은 한번 헹궈 물기를 빼고 대파도 썬다.

Q 어묵은 조리 전에 데치거나 씻어 준비한다.

2 팬에 양념 재료를 넣고 끓인다.

3 2가 끓어오르면 준비한 어묵을 넣고 양념을 끼얹으며 조린다.

4 3을 반쯤 조리다 대파를 넣고 자박해지면 불을 끈다. 깨, 참기름을 넣고 섞어 마무리한다.

매운어묵볶음 ✦

재료   어묵 3장, 양파 1/2개, 대파 반대, 청양고추 1~2개, 식용유 1스푼, 다진 마늘 1/2스푼, 참기름 1스푼, 깨 1스푼

양념   고춧가루 1스푼, 물 3스푼, 양조간장 2½스푼, 올리고당 1스푼

조리 순서

1   어묵은 채를 썰고 양파와 대파도 먹기 좋은 크기로 썬다. 청양고추는 잘게 다진다.

Q   어묵은 조리 전에 데치거나 씻어 준비한다. 청양고추는 취향껏 추가해도 된다.

2   팬에 식용유를 두르고 다진 마늘을 볶아 향을 낸 뒤 1과 양념 재료를 넣고 고춧가루가
    풀어지도록 섞어가며 볶는다.

3   전체적으로 빨갛게 잘 볶아지면 불을 끄고 참기름, 깨를 넣고 섞어 마무리한다.

어묵볶이 ✦

재료   어묵 3장, 대파 1대, 양파 1/2개, 깨 1/2스푼, 참기름 1/3스푼

양념   육수 2½컵, 고추장 1스푼, 고춧가루 1/2~1스푼, 양조간장 2스푼, 액젓 1스푼, 설탕 1/2스푼, 올리고당 1스푼, 다진 마늘 1스푼

조리 순서

1 어묵은 먹기 좋은 크기로 썰고 대파는 어슷썰기, 양파는 두껍게 채를 썬다.

Q 어묵은 조리 전에 데치거나 씻어 준비한다.

2 팬에 양념 재료를 넣고 끓인다.

3 2가 끓으면 1을 넣고 끓어오르면 중약불 사이로 불세기를 줄여 대파가 푹 익을 만큼 끓인다.

4 깨, 참기름을 넣고 섞어 마무리한다.

Q 참기름을 마지막에 추가하길 원하지 않으면 생략해도 된다.

소고기달걀장조림

재료	소고기 사태 200g, 생강 1/2톨, 소주 3스푼, 달걀 6알, 깨 1스푼
고기육수	물 5컵, 통마늘 10알, 무 400g, 양파 1/2개, 대파 흰 부분 반대, 통후추 10알, 생강 1/2톨, 소주 5스푼
조림장	양조간장 5스푼, 올리고당 3스푼, 소주 5스푼, 다시마 손바닥 크기 1장

조리 순서	1	소고기 사태는 최소 30분 이상 찬물에 담가 핏물을 뺀다.

조리 순서

1   소고기 사태는 최소 30분 이상 찬물에 담가 핏물을 뺀다.

2   냄비에 고기가 잠길 만큼의 물을 끓인다. 물이 끓으면 소고기와 생강, 소주를 넣고 5~10분 정도 데치고 차가운 물에 고기를 한번 헹궈 준비한다.

3   새 냄비에 고기육수 재료인 물, 통마늘, 무, 양파, 대파 흰 부분, 통후추, 생강을 넣어 끓인다. 육수가 끓어오르면 데쳐둔 소고기와 소주를 넣고 1시간 끓인다.

Q   팔팔 끓어오르면 약불로 줄이고 월계수, 생강 등 잡내를 잡아줄 향신료를 더 넣어도 좋다.

4   달걀 6알은 삶아서 껍데기를 벗겨 준비한다.

Q   달걀 삶기 : 189쪽

5   삶은 소고기는 건져내어 한김 식힌다. 국물은 2~3회 면보에 걸러 고기육수로 준비
    한다.

6   냄비에 고기육수 3컵과 달걀, 조림장 재료를 넣고 끓인다.

Q   너무 큰 냄비보다 재료에 맞는 크기로 사용하고, 준비된 고기육수가 3컵 분량이 안되면 부족한
    만큼 물을 추가로 준비한다.

7   고기는 결 반대 방향으로 썰고, 조림장이 끓으면 함께 넣어 20분간 중불로 조린다.

Q   10분 뒤 조림장에서 다시마를 건져내고 고기는 손으로 찢어도 상관없다.

8   조림장이 자박하게 남으면 고명으로 깨를 뿌리고 섞어 마무리한다.

Q   완성된 장조림은 간이 배도록 몇 시간 뒤나 다음날에 먹는 것이 좋다. 다 식은 뒤 면보에 두세
    번 더 걸러주면 기름기, 불순물을 줄일 수 있다. 고기육수를 차게 식혀 기름이 굳으면 떠내어
    기름기를 줄일 수 있다. 취향에 맞게 버섯, 꽈리고추, 곤약, 메추리알, 통마늘 같은 부재료도 추
    가한다.

메추리알조림 +

<table>
<tr><td>재료</td><td>깐 메추리알 450g, 통마늘 15알, 식용유 1스푼, 육수 1½컵, 올리고당 2스푼, 깨 1스푼, 참기름 1/2스푼</td></tr>
<tr><td>양념</td><td>소주 3스푼, 양조간장 5스푼, 매실액 1스푼, 올리고당 2스푼</td></tr>
</table>

| | |
| 조리 순서 | 1 깐 메추리알은 한번 헹구거나 데치고, 통마늘은 깨끗하게 씻어 준비한다. |

조리 순서

1 깐 메추리알은 한번 헹구거나 데치고, 통마늘은 깨끗하게 씻어 준비한다.

2 팬에 식용유를 두르고 깐 메추리알과 양념 재료를 넣고 볶는다.

3 2의 색이 진해지고 국물이 거의 조려지면 육수, 통마늘을 넣는다. 팔팔 끓어오르면 중불로 줄여 계속 끓인다.

4 국물이 2/3 이상 조려지면 센불로 불세기를 조절한다. 국물이 거의 조려지면 올리고당을 넣고 국물이 완전히 사라질 때까지 볶아 조린다.

5 깨, 참기름을 넣고 섞어 마무리한다.

돼지고기장조림 ✦

재료	돼지고기 안심 한근(600g), 깐 메추리알 한봉(270g), 소주 5스푼, 깨 1스푼, 참기름 1스푼
고기 삶기	물 4½컵, 양파 1/2개, 통마늘 10알, 생강 1톨, 대파 초록색 부분만 반대, 통후추 10알, 소주 1/2컵
조림장	육수 4컵, 양조간장 1/2컵, 국간장 2스푼, 자일로스 설탕 1스푼, 매실액 2스푼, 올리고당 3스푼, 표고버섯 3개, 통마늘 10알, 생강 1톨, 대파 흰 부분만 반대, 양파 1/2개, 청양고추 3개

조리 순서	1 돼지고기 안심은 장조림용 토막으로 준비해 찬물에 20~30분 담가 핏물을 빼준다.

조리 순서

1 돼지고기 안심은 장조림용 토막으로 준비해 찬물에 20~30분 담가 핏물을 빼준다.

2 고기 삶기 재료 중 물, 양파, 통마늘, 생강, 대파 초록색 부분, 통후추를 넣고 팔팔 끓인다. 끓어오르면 돼지고기와 소주 1/2컵을 넣고 뚜껑을 열고 중불로 20분간 끓인다. 중간에 돼지고기는 한 번 정도 뒤집어 준다.

Q 장조림용 토막이 크면 중불로 25분간 삶아준다.

3 돼지고기 삶은 물은 버리고 돼지고기는 차가운 물에 한 번 씻어내 체에 밭친다.

4 체에 밭쳐둔 돼지고기는 먹기 좋은 크기로 찢는다.

5   냄비에 조림장 재료를 넣고 끓인다. 끓어오르면 찢은 돼지고기, 깐 메추리알, 소주 5
     스푼을 넣고 함께 끓인다.

Q   짠맛을 좋아하면 간장을 조금 더 넣어도 괜찮다.

6   5가 팔팔 끓으면 중불로 줄여 20~25분 정도 국물이 자박하게 남도록 조린다.

7   다 조려지면 돼지고기, 메추리알, 표고버섯을 제외한 채소들은 건져내어 버리고 참기
     름을 섞어 마무리한다. 고명으로 깨를 뿌려 장식한다.

Q   완성된 장조림은 간이 배도록 몇 시간 뒤나 다음날에 먹는 것이 좋다.

고추장진미채볶음

재료   진미채 180g, 꿀 1스푼, 참기름 1스푼, 깨 1스푼

양념   식용유 2스푼, 고추장 3스푼, 양조간장 2스푼, 올리고당 2스푼, 다진 마늘 1스푼

조리 순서		
1	진미채는 따뜻한 물에 30초 정도 담가 깨끗이 헹군다. 물기를 제거하고 먹기 좋은 크기로 썰어 준비한다.	
2	팬에 양념 재료를 넣어 1분 정도 끓인다.	
3	2에 준비한 진미채를 넣어 빠르게 섞는다.	
4	3이 잘 섞이고 팬 바닥에 남은 양념이 다 조려지면 불을 끄고 꿀, 참기름, 깨를 넣는다. 잔열에 빠르게 섞어 마무리한다.	
Q	꿀과 올리고당을 함께 넣으면 딱딱하게 굳지 않고 맛도 자극적이지 않다.	

간장진미채볶음 ✦

재료	진미채 180g, 마요네즈 1스푼, 올리고당 1스푼, 깨 1스푼, 참기름 1스푼
양념	식용유 1스푼, 다진 마늘 1/2스푼, 양조간장 4½스푼, 올리고당 1스푼

조리 순서

1 진미채는 한입 크기로 썰어 따뜻한 물에 한 번 씻고 물기를 닦아낸다. 준비된 진미채를 마요네즈에 버무린다.

2 약불에 팬을 올리고 양념 재료를 넣는다. 다진 마늘이 익을 정도만 잠시 끓인다.

3 2가 잘 끓으면 1과 골고루 섞은 뒤 바로 불세기를 올려 국물 없이 볶는다. 불을 끄고 올리고당, 깨, 참기름을 넣고 빠르게 섞어 마무리한다.

Q 오래 볶으면 질겨지니 빠르게 볶는다.

진미채볶음

재료   진미채 180g, 소주 3스푼, 꿀 1스푼, 참기름 1스푼, 깨 1스푼

양념   식용유 2스푼, 고운 고춧가루 1½~2스푼, 양조간장 7스푼, 올리고당 2스푼

조리 순서

1 진미채는 따뜻한 물에 헹궈 먹기 좋은 크기로 썰어 준비한다.

2 팬에 양념 재료를 넣고 약불에 끓인다.

3 2가 끓어오르면 고루 섞어 진미채와 소주를 넣고 섞는다. 양념이 조려질 때까지 볶는다.

4 양념이 다 조려지면 불을 끄고 꿀, 참기름, 깨를 넣고 섞어 마무리한다.

진미채무침 ✦

재료	진미채 180g, 깨 1스푼, 참기름 1스푼
양념	고추장 2스푼, 양조간장 2스푼, 올리고당 2스푼, 참기름 1스푼, 깨 1스푼

조리 순서	1	진미채는 물에 한 번 헹궈내 물기를 닦아낸다. 준비된 진미채는 한입 크기로 자르고 양념 재료를 섞어 준비한다.
	2	진미채에 양념을 조금씩 부어가며 골고루 무친다.
	3	깨, 참기름을 넣고 섞어 마무리한다.

멸치견과볶음 ✦

재료   잔멸치 2컵, 슬라이스 아몬드 3~4스푼, 꿀 2스푼, 참기름 1스푼, 깨 1스푼
양념   양조간장 1/2스푼, 식용유 1스푼, 물 1스푼

조리 순서	
1	분량대로 잔멸치와 슬라이스 아몬드를 준비하고 양념 재료도 섞어둔다. 약불로 잔멸치와 슬라이스 아몬드를 바삭하게 볶는다.
2	볶은 잔멸치와 슬라이스 아몬드는 채반으로 부스러기를 걸러 준다.
3	팬을 약불로 유지하며 잔멸치를 넣고 양념은 숟가락으로 고루 뿌려 빠르게 섞는다.
4	3이 잘 섞이고 수분기가 날아가면 불을 끄고 꿀, 참기름, 깨를 넣고 잔열에 빠르게 볶는다.
5	4를 넓은 그릇에 고루 펴 담은 뒤 완전히 식히고 한번 뒤적거려 통에 담아 마무리한다.
Q	완전히 식힌 후 섞으면 뭉치고 굳는 것 방지할 수 있다.

고추장멸치볶음 ✦

재료   잔멸치 2컵, 식용유 2스푼, 올리고당 2스푼, 참기름 1스푼, 깨 1스푼

양념   고추장 2스푼, 매실액 1/2스푼, 다진 마늘 1/2스푼, 후추 적당량, 물 3스푼, 양조간장 1/2스푼

| 조리 순서 | 1 | 잔멸치와 양념을 준비한다. |

1   잔멸치와 양념을 준비한다.

2   잔멸치는 마른 팬에 약불로 볶아 수분이 날아가도록 바삭하게 볶는다. 볶은 멸치는 체로 한번 거른다.

3   팬에 식용유를 두르고 약불에 다진 마늘이 잘 익고, 양념이 잘 섞이도록 한번 끓인다.

4   3의 양념이 충분히 끓으면 불을 끄고 잔멸치를 넣어 볶는다. 올리고당, 참기름, 깨를 넣고 섞어 마무리한다.

김볶음 ✦

재료　　무조미김 10~12장, 식용유 1스푼, 들기름 2스푼, 고운 소금 1/3스푼, 깨 1스푼

조리 순서	1	무조미김 10~12장을 가위나 손으로 찢어 한입 크기로 준비한다.

2 넓은 볼에 1을 담아 식용유, 들기름, 고운 소금을 넣고 충분히 뒤적여 섞는다. 잠시 간이 스미도록 10~20분간 그대로 둔다.

3 팬을 약불에 달궈 김이 푸릇하게 색이 변할 때까지 계속 볶는다. 깨를 넣어 김을 마저 익혀 마무리한다.

Q 불을 끄고 그대로 두면 잔열에 바닥이 타버릴 수 있으니 불을 끄고 잠시 뒤적여 준다. 통에 바로 옮겨 담아도 좋다.

재래김구이 ✦

재료   재래김 10장, 들기름 1스푼, 가는 소금 약간

조리 순서		

1   김은 반들반들한 면이 위로 오도록 둔다. 비닐장갑이나 김솔을 이용해 김의 사방에 들기름을 조금씩 찍어 전체적으로 펴 바른다. 소금은 1장당 3~4꼬집 고루 뿌린다.

Q   소금까지 뿌린 김은 냉동실에 밀봉해 넣고 먹을 때마다 조금씩 구워 먹으면 편리하다.

2   1을 반복해 김을 쌓는다. 들기름과 소금이 잘 스미도록 김 위에 접시로 눌러 30분간 그대로 둔다.

3   약불로 팬을 예열하고 김을 올려 뒤집개로 살살 눌러가며 앞뒤로 고루 굽는다. 한입 크기로 잘라 마무리한다.

김무침 ✦

재료	무조미김 10~12장
양념장	양조간장 3스푼, 액젓 1스푼, 올리고당 1½스푼, 다진 마늘 1/2스푼, 다진 파 1스푼, 깨 1스푼, 참기름 1스푼

<table>
<tr><td>조리 순서</td><td>1</td><td>무조미김을 바삭하게 구워 봉지에 넣고 부순다.</td></tr>
<tr><td></td><td>2</td><td>분량의 재료를 섞어 양념장을 만든다.</td></tr>
<tr><td></td><td>3</td><td>1에 2를 조금씩 넣어가며 무쳐 마무리한다.</td></tr>
</table>

김장아찌 ✦

재료	무조미 김밥김 15~20장, 청량고추 2개, 참기름 1/2스푼, 깨 2스푼
양념	육수 1컵, 양조간장 1/2컵, 올리고당 4스푼, 대파 흰 부분 반대, 통마늘 8~10알, 슬라이스 생강 2개

조리 순서	

조리 순서

1   냄비에 양념 재료를 넣고 센불로 끓인다.

2   1이 끓어오르면 중약불로 불을 줄여 3분 정도 더 끓인다. 불을 끄고 청량고추를 넣고
     참기름을 넣은 다음 천천히 차갑게 식힌다.

Q   취향에 따라 청량고추는 생략해도 된다.

3   김은 먹기 좋은 크기로 자른다. 양념이 차갑게 식으면 야채를 건져내고 깨를 섞는다.

4   잘라둔 김을 10장 정도씩 집어 양념에 고루 묻힌다.

Q   수저로 김 2~3장에 한 번씩 양념을 얹어도 된다.

5   남은 양념은 김 위에 붓고 김을 위아래로 뒤집어 김치냉장고에 보관한다.

달걀, 두부로 만드는
매일 반찬

중탕달걀찜 ✦

재료　　　달걀 3~4개, 소금 1/3스푼, 물 2/3컵(170ml), 들기름 1스푼, 참기름 1스푼, 다진 파 2스푼, 깨 1/2스푼

조리 순서	1	달걀에 소금을 넣어 잘 풀고, 물을 넣고 섞은 뒤 체에 한 번 거른다.
	Q	달걀과 물양은 1:1 비율로 섞어, 달걀 크기에 따라 물양과 간을 조절한다.
	2	준비한 유리 용기 안쪽에 들기름을 바르고 1을 붓는다.
	Q	그릇은 실리콘 용기나 유리 용기를 사용하면 좋다. 들기름이 없으면 참기름을 이용한다.
	3	유리 용기는 랩이나 뚜껑으로 덮는다. 깊은 냄비나 웍에 유리 용기가 반 정도만 잠기게 물을 붓는다. 용기를 넣고 물이 끓으면 중불로 줄여 15~20분간 끓인다.
	Q	냄비에 물이 부족하지 않도록 중간에 남은 물량을 확인하고 물을 추가한다.
	4	랩을 벗기고 젓가락으로 중앙을 찔러 달걀물이 구멍으로 올라오지 않으면 불을 끈다. 참기름, 다진 파, 깨를 얹어 마무리한다.

달걀장

재료	달걀 6~8개, 물 3컵(600ml), 소금 1/2스푼, 사과식초 2스푼, 양파 1/3개, 청양고추 1개, 홍고추 1개, 깨 2스푼, 참기름 1/2스푼
절임장	육수 1/2컵(100ml), 양조간장 1/2컵(100ml), 다진 마늘 1스푼, 올리고당 1스푼, 자일로스 설탕 1/2스푼

조리 순서	
1	달걀은 냉장고에서 미리 꺼내 최소 30~60분 정도 실온에 둬 찬기를 없앤다.
2	물에 소금, 사과식초를 넣고 같이 끓인다. 냄비에 1을 넣고 1~2분간 한 방향으로 저으며 7분간 삶는다.
Q	달걀 반숙을 좋아하면 6분 30초에서 7분, 완숙은 10분 이상 익힌다.
3	양파, 청양고추, 홍고추를 다진다.
4	분량의 재료를 섞어 절임장을 만들고, 설탕이 녹도록 충분히 젓는다.
5	달걀이 익으면 바로 건져 찬물에 잠시 담갔다가 껍질을 까서 준비한다.
6	유리 용기에 3, 4, 5를 넣는다. 절임장에 깨, 참기름을 더한 다음, 용기에 부어 하루 숙성하여 먹는다.

달걀말이 ✦

재료　　　　달걀 6개, 소금 1/3스푼, 참기름 2~3방울, 식용유 1스푼

조리 순서

1 달걀물에 소금, 참기름을 넣어 잘 섞고 체에 한 번 거른다.

2 식용유를 키친타월에 묻혀 팬을 닦는다. 팬을 약불에 예열한다.

Q 키친타월에 식용유를 묻혀 중간중간에 팬을 닦아 달걀물이 팬에 붙지 않도록 한다.

3   불은 끝까지 약불로 유지하고 1을 조금씩 나눠 부어 천천히 말아준다. 마지막에는 뒤집기로 모양을 잡으며 옆면도 익힌다.

Q   센불로 하면 달걀이 타서 색과 모양이 예쁘게 나오지 않는다. 사각 팬이 있다면 달걀말이를 할 때 모양 잡기가 쉬워 더 이쁘게 나올 수 있다.

쑥갓두부무침 ✦

재료	두부 300g, 쑥갓 두 줌, 소금 1스푼
양념	국간장 1스푼, 액젓 1스푼, 소금 1/3스푼, 다진 마늘 1/2스푼, 깨 1스푼, 참기름 1½스푼

<table>
<tr><td>조리 순서</td><td>1</td><td>물에 소금 1/2스푼을 넣고 두부를 푹 담가 데친다. 3분 정도 데친 후 찬물에 헹궈 면보로 짜내어 으깬다.</td></tr>
<tr><td></td><td>2</td><td>끓는 물에 소금 1/2스푼을 넣고 쑥갓을 10~30초 정도 빠르게 데쳐 찬물에 헹군다. 헹군 쑥갓은 물기를 꾹꾹 짜서 잘게 썰어 준비한다.</td></tr>
<tr><td></td><td>3</td><td>1에 양념 재료 중 국간장, 액젓을 넣고 버무린다. 잘게 썬 쑥갓에 소금, 다진 마늘을 넣어 무친다. 깨와 참기름을 넣고 섞어 마무리한다.</td></tr>
<tr><td></td><td>Q</td><td>쑥갓 향을 좋아하면 제시한 분량보다 쑥갓을 더 넣어도 된다.</td></tr>
</table>

두부조림 ✦

재료	두부 500g, 소금 적당량, 양파 1/2개, 대파 반대, 식용유 1스푼, 들기름 1½스푼, 깨 1스푼, 참기름 1스푼
양념장	물 1/2컵(100ml), 양조간장 3스푼, 액젓 1스푼, 다진 마늘 1스푼, 고춧가루 1스푼, 매실액 1스푼, 올리고당 1/2스푼, 후추 적당량

조리 순서

1 두부는 1cm 두께로 썰고 키친타월 위에 올린 다음, 소금을 적당량 뿌려 10분간 절인다. 양파는 채를 썰고, 대파는 어슷 썬다.

2 분량의 재료를 섞어 양념장을 만든다.

3 팬에 식용유, 들기름을 두르고 중불로 예열해 두부를 앞뒤로 노릇하게 굽는다.

4 3 위에 양념장과 양파, 대파도 넣어 중약불에 조린다. 국물을 한 번씩 끼얹어 준다.

5 국물이 거의 조려지면 불을 끄고 깨와 참기름을 넣어 마무리한다.

통두부구이 ✦

재료   두부 500g, 전분 가루 2스푼, 식용유 2스푼, 다진 파 1스푼, 깨 1스푼

양념장   양조간장 1스푼, 올리고당 1스푼, 참기름 1스푼

조리 순서

1 두부는 물에 한 번 헹궈 키친타월로 물기를 빼서 준비한다. 두부를 4등분으로 썰고, 분량의 재료를 섞어 양념장을 만든다.

2 두부 전체 표면에 전분 가루를 골고루 묻힌다.

3 팬에 식용유를 두르고 두부의 모든 면을 노릇하게 고루 익힌다.

Q 귀찮더라도 모든 면을 고루 다 익혀줘야 한다. 전분 때문에 두부가 잘 붙으니 구울 때는 서로 붙지 않도록 떨어뜨려 굽는다.

4 다진 파, 깨를 고명으로 얹어 마무리한다. 양념장은 두부에 골고루 뿌려 먹는다.

참치두부조림

재료	두부 500g, 캔참치 150g, 양파 1/2개, 대파 반대, 식용유 1스푼, 들기름 1스푼, 깨 1스푼, 참기름 1스푼
양념장	물 1컵, 고추장 1스푼, 고춧가루 2스푼, 양조간장 2스푼, 액젓 1스푼, 올리고당 1스푼, 다진 마늘 1스푼

| 조리 순서 | 1 | 두부는 깨끗이 씻어 1cm 두께로 자른다. 양파는 채를 썰고, 대파는 어슷 썬다. 캔참치는 체로 걸러 기름을 뺀다. |

조리 순서

1 두부는 깨끗이 씻어 1cm 두께로 자른다. 양파는 채를 썰고, 대파는 어슷 썬다. 캔참치는 체로 걸러 기름을 뺀다.

2 분량의 재료를 섞어 양념장을 만든다.

3 팬을 중불로 예열하고 식용유, 들기름을 둘러 두부를 앞뒤로 한 번만 굽는다. 두부 위에 양념장 2/3를 골고루 붓는다. 끓어오르면 중약불로 줄여 1~2분간 끓인다.

4 두부를 한 번 뒤집어 주고 그 위에 캔참치와 준비한 양파, 대파, 남은 양념장을 고루 뿌려 양파가 익을 때까지 조린다.

5 깨, 참기름을 고루 뿌려 마무리한다.

돼지고기두부조림 ✦

재료	돼지고기 다짐육 200g, 양파 1/2개, 두부 500g, 소금 적당량, 대파 반대, 식용유 1스푼, 들기름 1스푼,
	굴소스 1스푼, 깨 1스푼, 참기름 1스푼
고기밑간 양념	양조간장 2스푼, 소주 3스푼, 후추 적당량, 다진 마늘 1/2스푼, 참기름 1/2스푼
두부조림 양념	물 1컵(200ml), 양조간장 1스푼, 액젓 1스푼, 올리고당 1스푼, 다진 마늘 1/2스푼

조리 순서

1   돼지고기에 고기밑간 양념을 해서 숙성한다. 양파는 얇게 다진다.

2   두부는 두툼하게 썰어 키친타월에 올리고 소금을 뿌려 10분간 그대로 둔다.

3   팬을 두 개 준비해 한쪽에는 식용유를 두르지 않고 돼지고기를 국물 없이 바싹 볶는다. 나머지 한쪽에는 식용유, 들기름을 둘러 두부를 앞뒤로 노릇하게 부친다.

4   두부가 다 익으면 두부를 부치던 팬에 두부조림 양념 재료를 넣고 끓인다.

5   4의 양념이 끓어오르면 국물을 끼얹어가며 볶아둔 고기를 넣고 잘 섞어 중약불로 천
     천히 조린다.

6   양념이 반쯤 조려지면 준비한 다진 양파와 다진 파를 취향껏 넣는다. 부족한 간은 굴
     소스로 맞춰 국물이 자박해질 때까지 조린다.

7   다 조려지면 불을 끄고 깨와 참기름을 둘러 마무리한다.

두부강정 ✦

재료	부침용 두부 300g, 전분가루 1스푼, 견과류 적당량, 식용유 적당량
양념장	고추장 1스푼, 케첩 1½스푼, 양조간장 1스푼, 올리고당 1½스푼, 고춧가루 1/2스푼, 다진 마늘 1/2스푼, 물 1스푼, 참기름 1/2스푼

<table>
<tr><td>조리 순서</td><td>1</td><td>두부는 한입 크기로 썰어 키친타월 위에서 10분간 물기를 뺀다. 분량의 재료를 섞어 양념장을 만든다.</td></tr>
</table>

조리 순서

1   두부는 한입 크기로 썰어 키친타월 위에서 10분간 물기를 뺀다. 분량의 재료를 섞어 양념장을 만든다.

2   일회용 봉투에 전분가루와 두부를 순서대로 넣어, 입구를 막고 두부 표면에 전분가루가 고루 묻도록 살살 흔든다.

3   팬에 식용유를 넣고 온도가 오르면 두부를 넣어 튀긴다. 이때 전분가루를 묻힌 두부끼리 붙지 않게 떼어가며 튀긴다. 두부는 건져내어 기름을 빼둔다.

Q   데운 기름에 가루를 조금 떨어뜨려 튀겨져 올라오면 튀김하기 좋은 온도이다.

4   견과류를 잘게 잘라 두부와 양념장과 함께 섞어 마무리한다.

Q   진한맛을 원하면 양념장을 약불로 2~3분간 살짝 끓여 섞는다. 견과류 대신 깨를 뿌려도 좋다.

배추, 파, 부추로 만드는
매일 반찬

배추나물무침 ✦

재료   알배추 1/2개(300g), 소금 1/3스푼, 참기름 1스푼, 깨 1스푼

양념   액젓 1/3~2/3스푼, 소금 2~3꼬집, 다진 마늘 1/2스푼, 다진 파 2스푼

조리 순서

1   알배추는 꼭지를 잘라 준비한다. 냄비에 배추가 잠길 만큼 물을 붓고 소금을 넣어 끓인다. 물이 끓으면 배추를 넣어 데친다.

2   데친 배추는 찬물에 빠르게 식히고 물기를 꾹 짜서 준비한다. 먹기 좋게 결대로 찢는다.

3   배추를 잘 풀어주고 양념 재료를 넣고 무친다.

4   깨, 참기름을 넣고 섞어 마무리한다.

배추전 ✦

재료   배추겉잎 8~10장, 부침가루 1컵, 물 1½컵, 식용유 적당량

조리 순서

1   배추는 깨끗이 씻어 물기를 털고 투툼한 줄기부분은 칼등으로 살짝 치거나 얇게 칼집을 낸다.

2   부침가루, 물을 섞어 반죽을 묽게 준비한다.

Q   메밀가루나 도토리 가루를 부침가루 대용으로 사용해도 맛있다.

3   팬에 식용유를 두르고 배춧잎에 반죽물을 묻힌 다음 부쳐서 마무리한다.

Q   바삭하게 먹고 싶다면 먼저 부침가루를 입히고 반죽물에 담가 부친다.

배추겉절이 ✦

재료   알배추 1kg, 굵은소금 1/2컵, 물 1컵, 쪽파 한 줌, 깨 2스푼

양념   양파 1/2개, 통마늘 10알, 생강 1톨, 새우젓 건더기만 1스푼, 액젓 10스푼, 매실액 2스푼,

           자일로스 설탕 1/2스푼, 찬밥 1½스푼, 다진 마늘 2스푼, 사과 1/2개, 고춧가루 7스푼

| 조리 순서 | 1 | 배추는 사선으로 썰어 굵은 소금과 물을 뿌려 잘 섞는다. 이 상태로 30분~40분 이상 절인다. 쪽파도 썰어 준비한다. |

조리 순서

1 배추는 사선으로 썰어 굵은 소금과 물을 뿌려 잘 섞는다. 이 상태로 30분~40분 이상 절인다. 쪽파도 썰어 준비한다.

2 양파, 통마늘, 생강, 새우젓 건더기, 액젓, 매실액, 설탕, 찬밥, 다진 마늘, 사과를 믹서기에 곱게 갈은 다음, 고춧가루를 넣고 잘 섞어둔다.

Q 양념은 최소 30분 정도 숙성시켜 고춧가루가 잘 불도록 한다.

3 절인 배추는 물에 살짝 헹구고 물기를 뺀다. 배추를 구부려 부러지지 않아야 한다.

4 배추의 물기가 어느 정도 빠지면 양념을 조금씩 넣고 무치며 간을 체크한다.

5 마지막으로 쪽파와 깨를 넣고 섞어 마무리한다.

Q 부족한 간은 소금으로 하고, 양념에 과일즙이나 과일을 넣으면 감칠맛을 낼 수 있다(배, 사과, 홍시 등).

배추무침 ✦

재료	알배추 1/4개, 양파 1/2개, 쪽파 4~5줄기, 참기름 1스푼, 깨 1스푼
양념	고춧가루 1½스푼, 액젓 2스푼, 소금 3~4꼬집, 매실액 1스푼, 다진 마늘 1스푼

조리 순서	1 알배추는 깨끗이 씻어 물기를 털고 크기에 따라 2~3등분해서 세로로 채를 썬다.
	2 양파는 채를 썰고, 쪽파도 썰어 준비한다.
	3 볼에 1과 2를 넣고 양념을 넣어 수저나 젓가락을 이용해 슬슬 버무린다.
	4 깨, 참기름을 넣고 섞어 마무리한다.

배추나물된장무침 ✦

재료   알배추 1/2개(300g), 소금 1/3스푼, 들깻가루 1스푼, 다진 파 2스푼, 깨 1스푼, 참기름 1스푼

양념   된장 1/2~1스푼, 액젓 1/2스푼, 다진 마늘 1/2스푼

조리 순서	1 알배추는 꼭지를 자르고 끓는 물에 소금을 넣고 데쳐 찬물에 헹군다.

조리 순서

1   알배추는 꼭지를 자르고 끓는 물에 소금을 넣고 데쳐 찬물에 헹군다.

2   1을 체에 밭쳐 물기를 꾹 짜고 손으로 찢어 양념 재료와 함께 무친다.

3   들깻가루, 다진 파, 깨, 참기름을 넣고 한 번 더 섞어 마무리한다.

Q   여름 배추는 단맛이 적으니 마지막에 매실액 1/2스푼 넣어 단맛을 살려도 좋다.

볶음김치 +

재료   김치 1/4포기, 대파 반대, 식용유 1스푼, 들기름 1스푼, 매실액 1스푼, 액젓 1스푼, 물 1/3컵(25ml), 참기름 1/2스푼, 깨 1스푼

조리 순서

1   김치는 한입 크기로 썰고, 대파는 얇게 어슷하게 썬다.

2   팬에 식용유, 들기름을 두르고 썰어둔 김치와 매실액, 액젓을 넣고 볶는다.

3   들러붙지 않도록 물로 조절해가며 볶는다.

4   김치가 푹 익으면 썬 대파를 넣고 조금 더 익히다 불을 끈다. 참기름, 깨를 넣고 섞어 마무리한다.

묵은지지짐 ✦

재료 묵은지 1/4포기, 들기름 4스푼, 대파 반대, 액젓 1스푼, 다진 마늘 1스푼, 육수 1컵, 매실액 1~2스푼, 깨 1스푼, 참기름 1/2스푼

조리 순서		

1   묵은지는 물에 여러 번 헹궈 건더기 없이 깨끗이 씻는다. 김치의 짠기에 따라 1시간 정도 찬물에 담가둔다. 대파는 어슷 썬다.

2   1은 물기를 짜 손으로 찢거나 칼로 먹기 좋게 썰어 준비한다.

3   2에 들기름, 매실액을 넣고 무친다.

4   팬에 3과 다진 마늘을 넣고 살살 볶다가 향이 올라오면 육수와 액젓을 넣고 끓인다. 어느 정도 끓어오르면 뚜껑을 덮고, 불을 줄여 최소 30분~1시간 이상 푹 지진다.

Q   중간에 국물이 너무 없다면 육수를 조금씩 추가해 묵은지 익힘 정도를 체크한다.

5   대파를 넣고 살짝 익을 정도만 볶다가 불을 끄고 깨, 참기름을 넣고 섞어 마무리한다.

묵은지무침 ✦

재료　　　묵은지 1/4포기, 다진 마늘 1/2스푼, 매실액 1스푼, 다진 파 3스푼, 깨 1스푼, 들기름 1~2스푼

조리 순서

1 묵은지는 양념을 깨끗이 헹궈내 익은 정도에 따라 30분~1시간 이상 담궈둔다. 짠기가 조금 빠지면 물기를 꾹 짜서 먹기 좋은 크기로 썬다.

2 볼에 준비한 묵은지를 넣고 다진 마늘, 매실액을 넣고 꾹꾹 주무르듯 무친다.

Q 묵은지가 많이 삭혔을 경우에 매실액 대신 설탕을 넣는다.

3 다진 파, 깨, 들기름을 넣고 한 번 더 무쳐 마무리한다.

Q 묵은지를 썰어 양념에 무쳐 반찬으로 먹거나 국수 고명으로도 좋다.

묵은지된장지짐 ✦

재료　묵은지 1/4포기, 매실액 1스푼, 들기름 3스푼, 육수 5컵, 액젓 1스푼, 된장 1/2~1스푼, 다진 마늘 1스푼, 다진 파 3~4스푼, 참기름 1/2스푼, 깨 2스푼

| 조리 순서 | 1 | 묵은지는 양념을 씻어내고 익음 정도에 따라 1시간 이상 물에 담가 짠기를 뺀다. |

조리 순서

1 묵은지는 양념을 씻어내고 익음 정도에 따라 1시간 이상 물에 담가 짠기를 뺀다.

2 1의 물기를 짜고 매실액, 들기름을 넣고 무쳐 10분 정도 그대로 둔다.

3 냄비에 2를 넣고 육수, 액젓을 넣고 끓인다. 끓기 시작하면 약불로 30분간 조린다.

4 30분 뒤 염도에 따라 된장과 다진 마늘을 넣고 20분간 더 끓이고 불을 끈다.

5 먹기 전에 다진 파와 참기름, 깨를 얹는다.

대파김치 ✦

재료	대파 1kg, 액젓 7스푼, 깨 2스푼
양념	생강 1톨, 양파 1/3개, 사과 1/3개, 매실액 3스푼, 찬밥 1스푼, 고춧가루 4스푼

조리 순서

1   대파의 흰 부분은 10cm 길이로 썬다. 대파 흰 부분의 정가운데를 7cm 정도 칼집을 넣어 끝부분은 자르지 않고 조금 남긴다. 대파 이파리는 3줌 정도 준비한다.

2   먼저 대파 흰 부분을 액젓에 충분히 섞어 45분 정도 절이다 중간에 2~3번 정도 섞는다. 45분 뒤 대파 이파리를 넣고 15분 정도 같이 절인다. 골고루 절여지도록 중간에 2~3번 정도 위아래를 섞는다.

Q   대파 이파리에 진액이 있는 부분은 대파김치 재료로 사용하지 않는다.

3   생강, 양파, 사과, 매실액, 찬밥을 믹서기에 넣고 곱게 갈아준 다음 고춧가루를 넣어 불린다.

4   1시간 정도 절인 대파와 3을 버무리고 깨를 넣어 마무리한다.

Q   부족한 간은 액젓으로 한다.

대파무침 ✦

재료	대파 2대, 소금 1/2스푼, 깨 1스푼, 참기름 1스푼
양념장	고추장 1스푼, 고춧가루 1스푼, 매실액 1스푼, 양조간장 1스푼, 식초 1스푼

| 조리 순서 | 1 | 대파는 깨끗이 씻어 뿌리를 잘라낸다. 대파의 길이를 맞춰 한입 크기로 자르고, 두툼한 흰 부분만 세로로 한 번 더 썬다. 분량의 재료를 섞어 양념장을 만든다. |

조리 순서

1   대파는 깨끗이 씻어 뿌리를 잘라낸다. 대파의 길이를 맞춰 한입 크기로 자르고, 두툼한 흰 부분만 세로로 한 번 더 썬다. 분량의 재료를 섞어 양념장을 만든다.

2   냄비에 물을 올리고 소금을 넣어 물이 끓으면 10초 정도 대파를 빠르게 데친다.

3   2를 찬물에 헹궈 물기를 짠다.

4   3에 양념장을 넣고 버무리다가 깨와 참기름을 넣고 섞어 마무리한다.

부추무침

<table>
<tr><td>재료</td><td>부추 150~200g, 양파 1/2개, 깨 1스푼, 참기름 1스푼</td></tr>
<tr><td>양념</td><td>고춧가루 1스푼, 액젓 1스푼, 양조간장 1스푼, 매실액 1스푼, 사과식초 1스푼, 다진 마늘 1/2스푼, 다진 파 2스푼</td></tr>
</table>

| 조리 순서 | 1 | 부추는 한입 크기로 자르고 양파는 얇게 채를 썬다. |

조리 순서

1 부추는 한입 크기로 자르고 양파는 얇게 채를 썬다.

2 볼에 부추와 양파를 넣고 양념 재료를 넣어 살살 무친다.

Q 손 열감 때문에 금방 숨이 죽으니 손으로 무치지 말고 젓가락으로 살살 무친다.

3 깨와 참기름을 넣고 섞어 마무리한다.

새우부추전 ✦

재료	부추 150g, 새우 15~20마리, 식용유 적당량
부침 반죽	부침가루 2/3컵, 물 2/3컵, 액젓 1/2스푼

조리 순서		
	1	부추는 한입 크기로 썬다. 새우는 손질해 2~3등분으로 자른다.
	2	부침 반죽을 만들어 준비한 1과 잘 섞는다.
	3	예열한 팬에 식용유를 넉넉히 두르고 2를 굽는다.

양배추김치 ✦

재료　　양배추 반통(900g), 쪽파 한 줌, 소금 1/2컵, 물 1컵, 깨 2스푼

양념　　양파 1/3개, 액젓 6스푼, 매실액 2스푼, 마늘 8알, 생강 1톨, 새우젓 건더기 1스푼, 찬밥 1½스푼, 고춧가루 5스푼

조리 순서	1 양배추는 한입 크기로 썰어 깨끗이 씻는다. 쪽파도 비슷한 길이로 썬다.

조리 순서

1 양배추는 한입 크기로 썰어 깨끗이 씻는다. 쪽파도 비슷한 길이로 썬다.

2 양배추에 소금과 물을 넣고 충분히 섞어 1시간 정도 절인다. 3번 정도 위아래를 고루 섞는다.

3 양파, 액젓, 매실액, 마늘, 생강, 새우젓 건더기, 찬밥을 믹서기에 넣고 충분히 갈아 볼에 담는다. 마지막으로 고춧가루를 넣어 충분히 숙성시킨다.

4 2를 물에 헹구고 물기를 충분히 뺀 다음 양념을 조금씩 넣어 무친다.

Q 추가 간은 남은 양념이나 액젓, 소금으로 하고 고춧가루로 색을 더 입힌다.

5 쪽파와 깨를 넣고 버무려 마무리한다.

쪽파무침 ✦

재료 　　깐 쪽파 150g, 참기름 1스푼, 깨 1스푼

양념 　　고춧가루 1½스푼, 액젓 2스푼, 매실액 1스푼, 다진 마늘 1/2스푼

조리 순서

1　쪽파는 먹기 좋은 크기로 썬다.

2　볼에 1과 양념 재료를 넣고 숟가락과 젓가락으로 살살 무친다.

Q　손으로 무치면 숨이 잘 죽는다.

3　참기름, 깨를 넣고 섞어 마무리한다.